はじめに

この本は「数学がちょっと苦手だな」あるいは「基礎から数学を学びたいな」と考えている人たちのために，中学１年の数学をできるだけやさしく，そして得意になるようにつくりました。そのため，数学が苦手な人でも無理なく効果的に学べるようにいろいろな工夫をしています。

単元ごとに，「まずココ！」で，覚えておくべき用語・公式・定理をまとめています。

次に，「つぎココ！」で基本的な問題を書き込み式で解いていくことで，**覚えた公式や定理の使い方のコツをつかめる**ようにしています。わかりにくいところやまちがいやすいところはていねいに説明しているので，ここで解き方をしっかり覚えましょう。

その後，「基本問題」を例題の解き方と同じように解いてみてください。このとき，途中の式もきちんと書く習慣をつけましょう。数学では，**問題を解いていく過程がとても大切**です。問題数も多くはないので，無理なくできるはずです。

「基本問題」を解き終えたら，別冊「解答」の解き方と比べてみてください。解き方はくわしく書かれています。自分がどこでどのようにまちがったのかをチェックしましょう。

さらに，各章末の「確認テスト」で，自分の理解度を確認しましょう。

この繰り返しで，必ずあなたの数学の問題を解く力はアップします。コツコツとていねいに，この本を最後までやりとげてください。

また，単元ごとにのせてある「もう一歩」や，章末の「これでレベルアップ」のコーナーが，さらに実力をアップするのに，きっと役に立つはずです。

さあ，いまのやる気を大切に数学の学習を始めましょう。この本があなたのよきパートナーとなりますように。

しくみと使い方

① 1回の単元の学習内容は2ページです。

覚えておきたい要点をまとめています。問題を解く前に確認しておきましょう。

例題を読んで，解き方の空いている所をうめていきましょう。

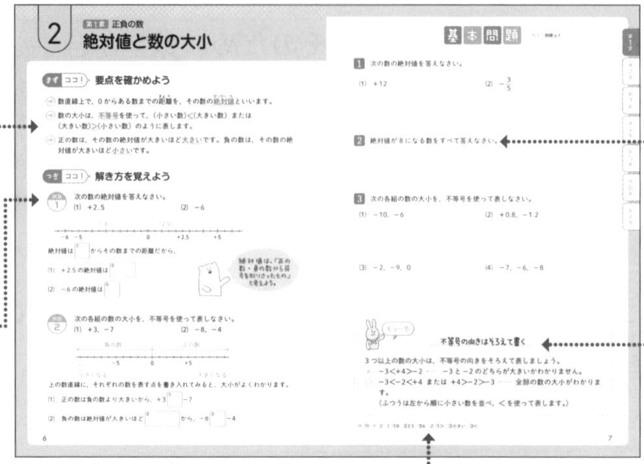

2 第1章 正負の数
絶対値と数の大小

まず ココ！ 要点を確かめよう

数直線上で，0からある数までの距離《きょり》を，その数の絶対値《ぜったいち》といいます。

数の大小は，不等号を使って，(小さい数)<(大きい数) または (大きい数)>(小さい数) のように表します。

正の数は，その数の絶対値が大きいほど大きいです。負の数は，その数の絶対値が大きいほど小さいです。

つぎ ココ！ 解き方を覚えよう

例題1 次の数の絶対値を答えなさい。
(1) +2.5 (2) −6

絶対値は ① からその数までの距離だから，
(1) +2.5の絶対値は ②
(2) −6の絶対値は ③

例題2 次の各組の数の大小を，不等号を使って表しなさい。
(1) +3，−7 (2) −8，−4

上の数直線に，それぞれの数を表す点を書き入れてみると，大小がよくわかります。
(1) 正の数は負の数より大きいから，+3 ① −7
(2) 負の数は絶対値が大きいほど ② から，−8 ③ −4

6

基本問題

1 次の数の絶対値を答えなさい。
(1) +12 (2) $-\frac{3}{5}$

2 絶対値が8になる数をすべて答えなさい。

3 次の各組の数の大小を，不等号を使って表しなさい。
(1) −10，−6 (2) +0.8，−1.2
(3) −2，−9，0 (4) −7，−6，−8

不等号の向きはそろえて書く

3つ以上の数の大小は，不等号の向きをそろえて表しましょう。
× −3<+4>−2 …… −3と−2のどちらが大きいかわかりません。
○ −3<−2<+4 または +4>−2>−3 …… 全部の数の大小がわかります。
(ふつうは左から順に小さい数を並べ，<を使って表します。)

7

左のページの例題で学習したことをもとにして，解いてみましょう。答えは，別冊「解答」にのせています。

より理解を深めるための内容や，まちがいやすいポイントなどをのせています。

左ページの例題の答えをのせています。

② 章末には，章の内容を理解したかどうか確かめるための「確認テスト」があります。

わからなかったり，まちがったときは，示されたページに戻って，もう一度確認しましょう。

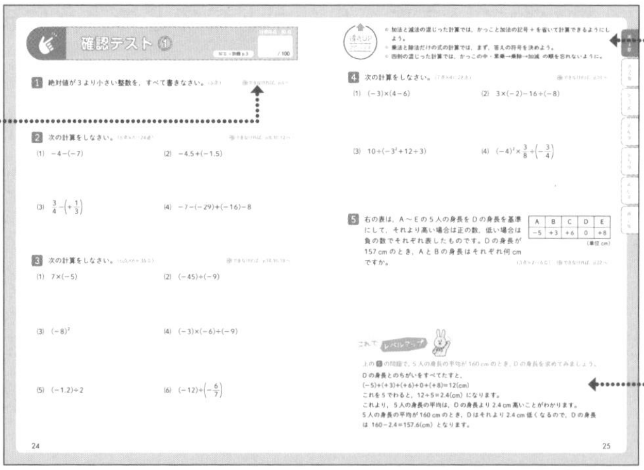

確認テスト ①

/100

1 絶対値が3より小さい整数を，すべて書きなさい。

2 次の計算をしなさい。
(1) −4−(−7) (2) −4.5+(−1.5)
(3) $\frac{3}{4}-\left(+\frac{1}{3}\right)$ (4) −7−(−29)+(−16)−8

3 次の計算をしなさい。
(1) 7×(−5) (2) (−45)÷(−9)
(3) $(-8)^2$ (4) (−3)×(−6)÷(−9)
(5) (−1.2)÷2 (6) $(-12)\div\left(-\frac{6}{7}\right)$

24

得点UP
・加法と減法の混じった計算では，かっこと加法の記号＋を省いて計算できるようにしよう。
・乗法と除法だけの式の計算では，まず，答えの符号を決めよう。
・四則の混じった計算では，かっこの中・累乗→乗除→加減 の順を忘れないように。

4 次の計算をしなさい。
(1) (−3)×(4−6) (2) 3×(−2)−16÷(−8)
(3) $10+(-3^2+12\div3)$ (4) $(-4)^2\times\frac{3}{8}+\left(-\frac{3}{4}\right)$

5 右の表は，A～Eの5人の身長をDの身長を基準にして，それより高い場合は正の数，低い場合は負の数でそれぞれ表したものです。Dの身長が157 cmのとき，AとBの身長はそれぞれ何cmですか。

A	B	C	D	E
−5	+3	+6	0	+8

(単位 cm)

これで レベルアップ

Dの身長とのちがいをすべてたすと，
(−5)+(+3)+(+6)+0+(+8)=12(cm)
これを5でわると，12÷5=2.4(cm) になります。
これより，5人の身長の平均は，Dの身長より2.4 cm高いことがわかります。
5人の身長の平均が160 cmのとき，Dはそれより2.4 cm低くなるので，Dの身長は 160−2.4=157.6(cm) となります。

25

テストで得点アップにつながるアドバイスをのせています。

少しレベルの高い問題とその考え方をのせています。

③ 基本問題と確認テストの答えは別冊「解答」にのせています。

計算の過程や問題の解き方をくわしく解説しています。また，解き方のポイントやまちがいやすいことがらを「**ここに注意！**」として示しています。

目次

1　第1章 正負の数
符号のついた数

まず ココ！ 要点を確かめよう

- +2 や +0.5 のような，0 より大きい数を**正《せい》の数**といいます。
- -3 や $-\frac{1}{4}$ のような，0 より小さい数を**負《ふ》の数**といいます。
- ある地点 A から，東へ 3 m 移動することを +3 m と表すと， A から西へ 4 m 移動することは **−4 m** と表されます。

つぎ ココ！ 解き方を覚えよう

例題 1　次の数を，正の符号《ふごう》，負の符号をつけて表しなさい。
(1)　0 より 6 大きい数　　　(2)　0 より 5 小さい数

(1)　0 より 6 大きいから，正の符号 ①［　］をつけて，②［　　］
（「プラス」と読む）

(2)　0 より 5 小さいから，負の符号 ③［　］をつけて，④［　　］
（「マイナス」と読む）

例題 2　次の数に対応する点を，下の数直線上にしるしなさい。
A　+4　　B　−3　　C　$+\frac{1}{2}$　　D　−1.5

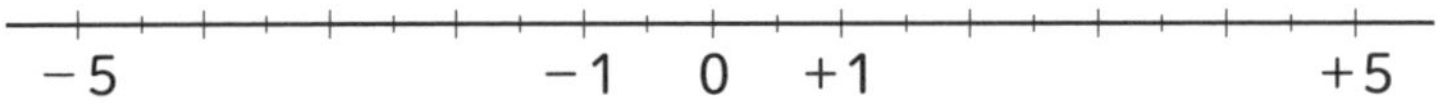

数直線上では，正の数は 0 より右側，負の数は 0 より左側に表します。

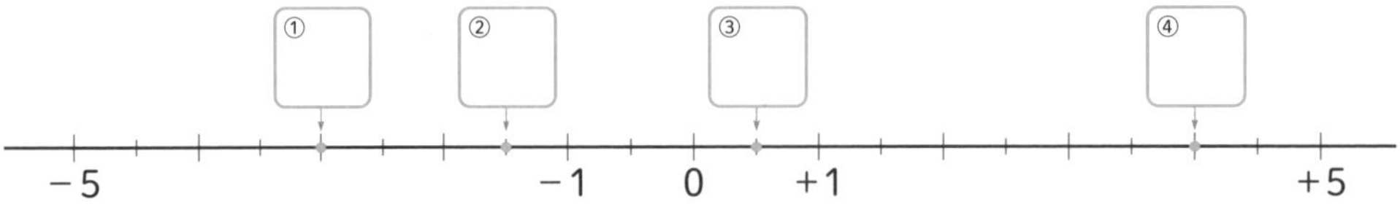

例題 3　5 点の勝ちを +5 点と表すと，3 点の負けはどのように表せますか。

「勝ち」と「負け」はたがいに反対の意味を表す言葉だから，
①［　］を使って，②［　　］と表します。
（符号）

基本問題

解答⇒別冊 p.1

1 次の数を正の符号，負の符号をつけて表しなさい。

(1) 0 より 15 大きい数

(2) 0 より 2.5 大きい数

(3) 0 より 20 小さい数

(4) 0 より $\frac{5}{6}$ 小さい数

2 下の数直線で，点 A，B，C，D に対応する数をいいなさい。

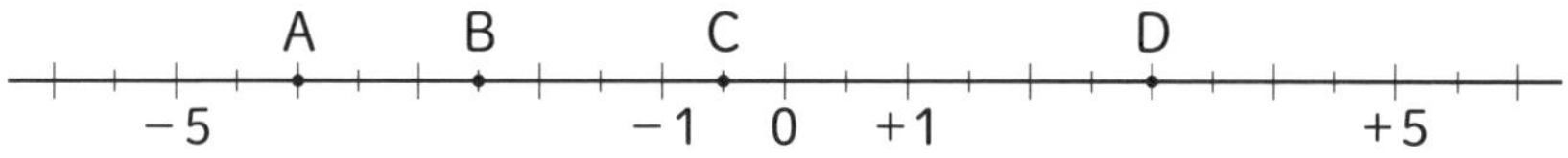

A (　　　)，B (　　　)，C (　　　)，D (　　　)

3 次の□にあてはまる答えを入れなさい。

(1) 300 円の収入を +300 円で表すと，200 円の支出は□と表される。

(2) 今から 6 時間後を +6 時間と表すと，今から 4 時間前は□と表される。

もう一歩

0 は正の整数でも，負の整数でもない

「みかん 5 個」や「鉛筆《えんぴつ》 10 本」など，ものを 1，2，3，……と数えるときに使う数を正の整数または自然数《しぜんすう》といいます。−7 や −20 など，負の符号のついた整数は負の整数といいます。ただし，0 は整数ですが，正の整数でも負の整数でもありません。気をつけましょう。

整　数

……，−5，−4，−3，−2，−1，0，+1，+2，+3，+4，+5，……，

負の整数　　正の整数（自然数）

例題の答　**1** ①+　②+6　③−　④−5　**2** ①B　②D　③C　④A　**3** ①−　②−3 点

2 第1章 正負の数
絶対値と数の大小

まず ココ！ 要点を確かめよう

- 数直線上で，0 からある数までの距離《きょり》を，その数の絶対値《ぜったいち》といいます。
- 数の大小は，不等号を使って，（小さい数）<（大きい数）または（大きい数）>（小さい数）のように表します。
- 正の数は，その数の絶対値が大きいほど大きいです。負の数は，その数の絶対値が大きいほど小さいです。

つぎ ココ！ 解き方を覚えよう

例題 1 次の数の絶対値を答えなさい。

(1) ＋2.5　　(2) −6

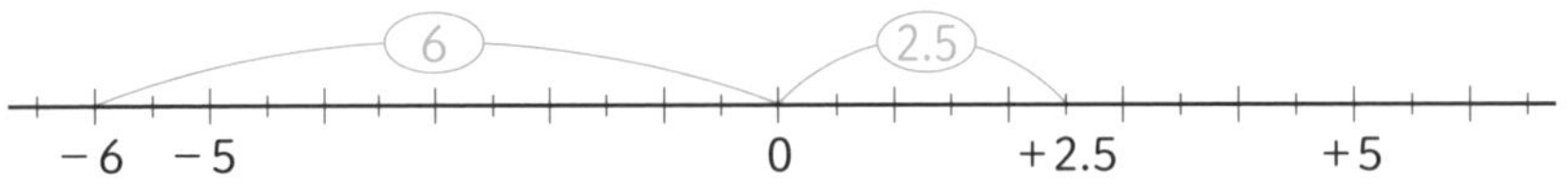

絶対値は ① [　] からその数までの距離だから，

(1) ＋2.5 の絶対値は ② [　]

(2) −6 の絶対値は ③ [　]

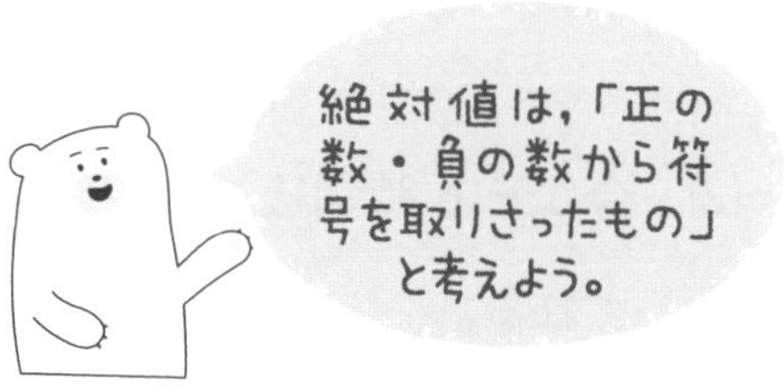

例題 2 次の各組の数の大小を，不等号を使って表しなさい。

(1) ＋3，−7　　(2) −8，−4

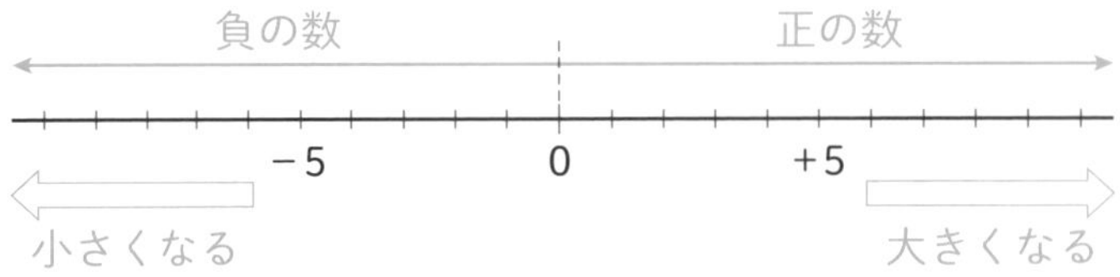

上の数直線に，それぞれの数を表す点を書き入れてみると，大小がよくわかります。

(1) 正の数は負の数より大きいから，＋3 ① [　] −7

(2) 負の数は絶対値が大きいほど ② [　] から，−8 ③ [　] −4

基本問題

解答⇒別冊 p.1

1 次の数の絶対値を答えなさい。

(1) $+12$　　(2) $-\frac{3}{5}$

2 絶対値が 8 になる数をすべて答えなさい。

3 次の各組の数の大小を，不等号を使って表しなさい。

(1) $-10,\ -6$　　(2) $+0.8,\ -1.2$

(3) $-2,\ -9,\ 0$　　(4) $-7,\ -6,\ -8$

不等号の向きはそろえて書く

3 つ以上の数の大小は，不等号の向きをそろえて表しましょう。

× $-3<+4>-2$ ← -3 と -2 のどちらが大きいかわかりません。

○ $-3<-2<+4$ または $+4>-2>-3$ ← 全部の数の大小がわかります。

（ふつうは左から順に小さい数を並べ，＜を使って表します。）

第1章 正負の数

3 正の数・負の数の加法

まず ココ！ 要点を確かめよう

- たし算のことを**加法**《かほう》ともいい，加法の結果を**和**といいます。
- **同符号**《ふごう》の 2 つの数の和は，絶対値の和に共通の符号をつけます。
- **異符号**の 2 つの数の和は，絶対値の大きいほうから小さいほうをひき，絶対値の大きいほうの符号をつけます。

つぎ ココ！ 解き方を覚えよう

例題 1 次の計算をしなさい。

(1) $(-2)+(-4)$　　(2) $(+1)+(-6)$

(1) 同符号の 2 つの数の和だから，絶対値の和に共通の符号をつけます。

$(-2)+(-4)=$ [①] $(2+4)=$ [②]

（①：共通の符号　2+4：たす）

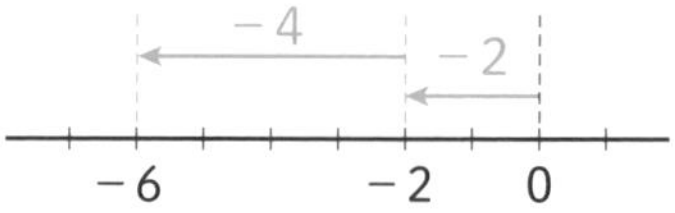

(2) 異符号の 2 つの数の和だから，絶対値の大きいほうから小さいほうをひき，絶対値の大きいほうの符号をつけます。

$(+1)+(-6)=$ [③] $(6-1)=$ [④]

（③：絶対値の大きいほうの符号　6−1：ひく）

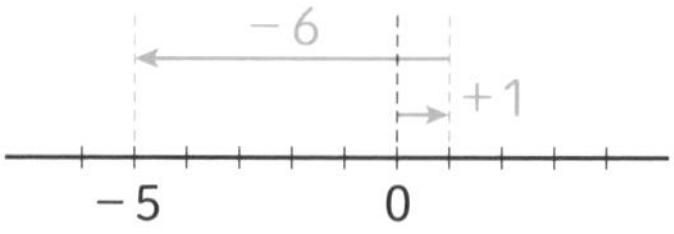

例題 2 次の計算をしなさい。

(1) $(-5.2)+(-0.8)$　　(2) $\left(+\frac{3}{5}\right)+\left(-\frac{1}{2}\right)$

(1) 同符号の和だから，

$(-5.2)+(-0.8)=$ [①] $(5.2+0.8)=$ [②]

（①：共通の符号）

(2) 通分して絶対値の大きさを比べます。

$\left(+\frac{3}{5}\right)+\left(-\frac{1}{2}\right)=\left(+\frac{6}{10}\right)+\left(-\right.$ [③] $\left.\right)=$ [④] $\left(\frac{6}{10}-\right.$ [③] $\left.\right)=$ [⑤]

（④：絶対値の大きいほうの符号）

基本問題

解答⇒別冊 p.1

1 次の計算をしなさい。

(1) $(+7)+(+10)$

(2) $(-18)+(-13)$

(3) $(-6)+(+17)$

(4) $(+30)+(-30)$

(5) $(-0.6)+(-0.7)$

(6) $(+0.9)+(-1.7)$

(7) $\left(-\frac{3}{2}\right)+\left(-\frac{1}{4}\right)$

(8) $\left(-\frac{1}{6}\right)+\left(+\frac{3}{10}\right)$

加法はたす順序を変えてもいいよ

加法の計算では，次のきまりを使って数の順序や組み合わせを変えても，答えに変わりはありません。

■+●=●+■　加法の交換法則《こうかんほうそく》

$(+3)+(-8)=(-8)+(+3)=-5$

(▲+●)+■=▲+(●+■)　加法の結合法則《けつごうほうそく》

$\{(+8)+(-3)\}+(+3)=(+8)+\{(-3)+(+3)\}=(+8)+0=+8$

数の順序や組み合わせを変えることで，計算が簡単にできることがあります。

例題の答　**1** ①−　②−6　③−　④−5　**2** ①−　②−6　③$\frac{5}{10}$　④+　⑤$+\frac{1}{10}$

第1章 正負の数

4 正の数・負の数の減法

まず ココ！ 要点を確かめよう

- ひき算のことを**減法**《げんぽう》ともいい，減法の結果を**差**といいます。
- 正の数，負の数をひくことは，その数の符号《ふごう》を変えて加えることと同じです。
  たとえば，「+3 をひく」は，「−3 を加える」と同じです。
  「−3 をひく」は，「+3 を加える」と同じです。

つぎ ココ！ 解き方を覚えよう

例題 1 次の減法の式を，加法の式になおしなさい。

(1) (+7)−(+4)　　(2) (+6)−(−2)

(1) ひく数 (+4) の符号を変えて加えます。

(+7)−(+4)=(+7)+(①　　)

(2) ひく数 (−2) の符号を変えて加えます。

(+6)−(−2)=(+6)+(②　　)

例題 2 次の計算をしなさい。

(1) (−4)−(+6)　　(2) (−5)−(−2)

(1) (−4)−(+6)

=(−4)+(①　　) ← ひく数の符号を変えて，加法になおす

=−(4+6)

=②

(2) (−5)−(−2)

=(−5)+(③　　) ← ひく数の符号を変えて，加法になおす

=−(5−2)

=④

基本問題

解答⇒別冊 p.1

1 次の計算をしなさい。

(1) $(+7)-(+3)$

(2) $(-3)-(-5)$

(3) $(-6)-(+9)$

(4) $(-8)-(-8)$

(5) $(-0.4)-(+0.3)$

(6) $(+0.3)-(-1.7)$

(7) $\left(+\frac{1}{6}\right)-\left(+\frac{2}{3}\right)$

(8) $\left(+\frac{5}{6}\right)-\left(-\frac{3}{8}\right)$

0 から −4 をひくと，+4 になる

$0-(-4)=0+(+4)=+4$

このように，0 から (-4) をひくと，答えは $+4$ です。同様に，0 から $+4$ をひくと，$0-(+4)=0+(-4)=-4$ となります。

0 からある数をひくことは，その数の符号を変えることと同じです。

また，どんな数から 0 をひいても，答えはもとの数になります。

$(-4)-0=-4$

5 第1章 正負の数
加法と減法の混じった計算

まずココ！ 要点を確かめよう

- $(+4)+(-7)+(-2)+(+1)$ のような加法の式のとき，$(+4)$，$(+1)$ を**正の項《こう》**，(-7)，(-2) を**負の項**といいます。
- 加法と減法の混じった式は，すべて**加法**になおして計算します。
- $(+4)+(-7)+(-2)+(+1)$ のような加法の式では，**かっこ**と加法の記号 **＋** を省いて，$4-7-2+1$ という項だけを並べた式に表せます。

つぎココ！ 解き方を覚えよう

例題 1 $(+2)+(-4)-(+3)-(-6)$ を計算しなさい。

$(+2)+(-4)-(+3)-(-6)$

$=(+2)+(-4)+(\boxed{①\quad})+(\boxed{②\quad})$ ← 減法は加法に変える

$=2-4-3+6$ ← かっこと加法の記号＋を省く

$=2+\boxed{③\quad}-4-\boxed{④\quad}$ ← 正の項，負の項を集める

$=8-\boxed{⑤\quad}$ ← 正の項の和・負の項の和を求める

$=\boxed{⑥\quad}$

└計算の結果が正の数のときは，符号＋を省くことができる

例題 2 次の計算をしなさい。

(1) $-3+4-7$　　(2) $6+(-5)-(-1)-8$

(1) $-3+4-7=4-3-7=4-\boxed{①\quad}=\boxed{②\quad}$

(2) $6+(-5)-(-1)-8=\boxed{③\quad}=6+1-5-8=7-13=\boxed{④\quad}$

└かっこと加法の記号＋を省く

基本問題

解答⇒別冊 p.2

1 次の式を，かっこを省いた式になおしなさい。

(1)　$(-4)+(-9)-(-6)$

(2)　$5-(-4)+6-(+2)$

2 次の計算をしなさい。

(1)　$-2+7$

(2)　$4-8-7$

(3)　$-6+3+2-7$

(4)　$3-7+10-5$

(5)　$10+(-5)-(-8)$

(6)　$-9-(+13)-(-17)+5$

かっこをはずして，計算簡単！

かっこや加法の記号をはずすとき，いつも式を加法になおしていたのでは，時間も手間もかかります。
そこで，右のようなかっこのはずし方を覚えれば，超《ちょう》簡単！計算がスピードアップします。

かっこのはずし方

+(+●)=+●
+(−●)=−●
−(+●)=−●
−(−●)=+●

例題の答　**1** ①−3　②+6　③6　④3　⑤7　⑥1　**2** ①10　②−6　③6−5+1−8　④−6

第1章 正負の数

6 正の数・負の数の乗法

まず ココ！ 要点を確かめよう

- かけ算のことを乗法《じょうほう》ともいい，乗法の結果を積といいます。
- 同符号《ふごう》の 2 つの数の積は, 絶対値の積に正の符号をつけます。
- 異符号の 2 つの数の積は, 絶対値の積に負の符号をつけます。
- いくつかの数の積を求める計算では，積の符号は次のようになります。
  ㋐ 負の数が奇数《きすう》(1，3，5，……)個あれば，−
  ㋑ 負の数が偶数《ぐうすう》(2，4，6，……)個あれば，＋

つぎ ココ！ 解き方を覚えよう

例題 1 次の計算をしなさい。

(1) $(-3)\times(-5)$　　(2) $(+7)\times(-6)$

(1) 同符号の 2 つの数の積だから，$(-3)\times(-5)=$ [①] $(3\times5)=$ [②]

（①：正の符号　3×5：絶対値の積）

(2) 異符号の 2 つの数の積だから，$(+7)\times(-6)=$ [③] $(7\times6)=$ [④]

（③：負の符号　7×6：絶対値の積）

例題 2 次の計算をしなさい。

(1) $(-4)\times(+5)\times(-2)$　　(2) $(-3)\times(-6)\times(-2)$

(1) 負の数が 2 個だから，積の符号は [①] になります。

$(-4)\times(+5)\times(-2)=$ [①] $(4\times5\times2)=$ [②]

（①：符号）

(2) 負の数が 3 個だから，積の符号は [③] になります。

$(-3)\times(-6)\times(-2)=$ [③] $(3\times6\times2)=$ [④]

（③：符号）

積の符号はこうなるよ。
(＋)×(＋) → (＋)
(−)×(−) → (＋)
(＋)×(−) → (−)
(−)×(＋) → (−)

基本問題

解答⇒別冊 p.2

1 次の計算をしなさい。

(1) $(+5)\times(+4)$

(2) $(-7)\times(-2)$

(3) $(+6)\times(-3)$

(4) $(-8)\times(+9)$

(5) $(+2.5)\times(-4)$

(6) $\left(-\frac{1}{5}\right)\times\left(-\frac{5}{8}\right)$

2 次の計算をしなさい。

(1) $(+2)\times(+5)\times(-3)$

(2) $-9\times(-4)\times2$

乗法もかける順序を変えていいよ

乗法も加法と同じように，次のきまりを使って数の順序や組み合わせを変えることができます。

■×●＝●×■　　乗法の交換法則

$3\times(-4)=(-4)\times3=-12$

(▲×●)×■＝▲×(●×■)　乗法の結合法則

$\{13\times(-4)\}\times5=13\times\{(-4)\times5\}=13\times(-20)=-260$

数の順序や組み合わせを変えることで，計算が簡単にできることがあります。

例題の答　**1** ①＋　②15　③－　④－42　**2** ①＋　②40　③－　④－36

第1章 正負の数

7 累乗，素因数分解

まずココ！ 要点を確かめよう

- 同じ数をいくつかかけたものをその数の累乗《るいじょう》といい，右かたに小さく書いた数を指数《しすう》といいます。

  $2\times2\times2=2^3$ ←指数 （2の3乗）

- 自然数を素数《そすう》だけの積で表すことを素因数分解《そいんすうぶんかい》という。

つぎココ！ 解き方を覚えよう

例題 1 次の積を，累乗の指数を使って表しなさい。

(1) $(-5)\times(-5)\times(-5)$　　(2) $\frac{1}{3}\times\frac{1}{3}$

(1) (-5) を [①] 個かけあわせたものだから，$(-5)\times(-5)\times(-5)=$ [②]

(2) $\frac{1}{3}$ を [③] 個かけあわせたものだから，$\frac{1}{3}\times\frac{1}{3}=$ [④]

↑分数は（ ）をつけて表す

例題 2 次の計算をしなさい。

(1) 4^2　　(2) $(-4)^2$

(1) 4 を 2 個かけあわせたものだから，$4^2=$ [①] × [①] = [②]

(2) (-4) を 2 個かけあわせたものだから，$(-4)^2=$ [③] × [③] = [④]

例題 3 60 を素因数分解しなさい。

60 を素数で順にわっていくと，右のようになる。

よって，60＝ [③] ×3× [②]

```
  2 )60
[①])30
  3 )15
    [②]
```

基本問題

解答⇒別冊 p.2

1 次の計算をしなさい。

(1) 5^2

(2) $(-3)^3$

(3) -7^2

(4) $\left(-\frac{2}{3}\right)^2$

(5) $(-2)^2\times3$

(6) $4\times(-3^2)$

2 次の数を素因数分解しなさい。

(1) 40

(2) 126

もう一歩

「m^2」，「m^3」 面積や体積の単位にも指数がつく

2 乗のことを平方《へいほう》，3 乗のことを立方《りっぽう》ともいいます。
たとえば，面積は，縦 4m ×横 3m＝12m^2 のように m を 2 個かけあわせたので，m^2 は「平方メートル」と読みます。
同様に，体積は，縦 5m× 横 2m× 高さ 3m＝30m^3 のように m を 3 個かけあわせたので，m^3 は「立方メートル」と読みます。

例題の答 **1** ①3 ②$(-5)^3$ ③2 ④$\left(\frac{1}{3}\right)^2$ **2** ①4 ②16 ③(−4) ④16 **3** ①2 ②5 ③$2^2$

8 乗法と除法の混じった計算

まず ココ！ 要点を確かめよう

- わり算のことを**除法**《じょほう》ともいい，除法の結果を**商**といいます。
- 除法のときも，乗法と同じように，商の符号《ふごう》を決めます。
  ㋐ 同符号の 2 つの数の商は，絶対値の商に**正の符号**をつけます。
  ㋑ 異符号の 2 つの数の商は，絶対値の商に**負の符号**をつけます。
- 2 つの数の積が 1 であるとき，一方の数を他方の数の**逆数**《ぎゃくすう》といいます。
- 乗法と除法の混じった式は，乗法だけの式になおして計算します。

つぎ ココ！ 解き方を覚えよう

例題 1 次の計算をしなさい。

(1) $(-16)\div(-2)$　　(2) $(-18)\div(+6)$

(1) $(-16)\div(-2)$ ←同符号の 2 つの数の商

$=\boxed{①}(16\div2)=\boxed{②}$

↑正の符号

(2) $(-18)\div(+6)$ ←異符号の 2 つの数の商

$=\boxed{③}(18\div6)=\boxed{④}$

↑負の符号

例題 2 次の数の逆数を求めなさい。

(1) $\frac{3}{5}$　　(2) -4

(1) $\frac{3}{5}\times\boxed{①}=1$ だから，$\frac{3}{5}$ の逆数は $\boxed{①}$

(2) $-4\times\left(\boxed{②}\right)=1$ だから，-4 の逆数は $\boxed{②}$

例題 3 $15\div\left(-\frac{5}{7}\right)\times\left(-\frac{3}{14}\right)$ を乗法だけの式になおして計算しなさい。

$15\div\left(-\frac{5}{7}\right)\times\left(-\frac{3}{14}\right)=15\times\left(\boxed{①}\right)\times\left(-\frac{3}{14}\right)=\boxed{②}\frac{\overset{3}{\cancel{15}}\times\overset{1}{\cancel{7}}\times3}{\underset{1}{\cancel{5}}\times\underset{2}{\cancel{14}}}=\boxed{③}$

逆数にして乗法になおす　　符号を決める

基本問題

解答⇒別冊 p.2

1 次の数の逆数を求めなさい。

(1) $\dfrac{2}{7}$

(2) -6

2 次の計算をしなさい。

(1) $(-36)\div(-9)$

(2) $24\div(-4)$

(3) $\left(-\dfrac{5}{6}\right)\div\left(+\dfrac{1}{3}\right)$

(4) $\dfrac{9}{16}\div\left(-\dfrac{3}{8}\right)$

3 次の計算をしなさい。

(1) $(-4)\times(-5)\div(-2)$

(2) $\left(-\dfrac{2}{3}\right)\times6\div\left(-\dfrac{8}{9}\right)$

除法の計算の順序に気をつけよう

$(-12)\div(-3)\times4$ を計算してみましょう。このとき，$(-3)\times4$ を先に計算して，$(-12)\div(-12)=1$ としてはいけません。

小学校で習ったように，乗法と除法の混じった式は左から順に計算していくというルールがあります。

つまり，$\underline{(-12)\div(-3)}\times4=\underline{4}\times4=16$ が正しい答えとなります。

注意しましょう。

例題の答　**1** ①$+$　②$8$　③$-$　④-3　**2** ①$\dfrac{5}{3}$　②$-\dfrac{1}{4}$　**3** ①$-\dfrac{7}{5}$　②$+$　③$\dfrac{9}{2}$

9 第1章 正負の数

四則の混じった計算

まず ココ！ 要点を確かめよう

- 加法，減法，乗法，除法をまとめて**四則《しそく》**といいます。
- 加減と乗除の混じった計算では，**乗除を先**に計算します。
- かっこや累乗《るいじょう》のある式では，**かっこの中や累乗を先**に計算します。
- **分配法則**を利用すると，簡単に計算できることがあります。
  (●＋▲)×■＝●×■＋▲×■
  ■×(●＋▲)＝■×●＋■×▲

つぎ ココ！ 解き方を覚えよう

例題 1 次の計算をしなさい。

(1) $4+5\times(-2)$　　(2) $6-(-5-7)\div(-2)^2$

(1) $4+5\times(-2)$

$=4+($ [①] $)$ ← まず，乗法の計算をする

$=$ [②]

(2) $6-(-5-7)\div(-2)^2$

$=6-($ [③] $)\div$ [④] ← かっこの中と累乗を計算する

$=6-($ [⑤] $)$ ← 除法の計算をする

$=$ [⑥] ← 減法の計算をする

例題 2 分配法則を使って，次の計算をしなさい。

(1) $\left(\frac{1}{3}-\frac{3}{4}\right)\times12$　　(2) $19\times(-38)+81\times(-38)$

(1) $\left(\frac{1}{3}-\frac{3}{4}\right)\times12$

$=\frac{1}{3}\times$ [①] $-\frac{3}{4}\times$ [①]

$=4-9$

$=$ [②]

(2) $19\times(-38)+81\times(-38)$

$=($ [③] $+$ [④] $)\times(-38)$

$=100\times(-38)$

$=$ [⑤]

基本問題

解答⇒別冊 p.3

1 次の計算をしなさい。

(1) $-2-(-18)\div 6$

(2) $9\times(-2)+(-12)\div 6$

(3) $3\times(-18+12)+5$

(4) $6-3\times(7-2^2)$

2 分配法則を使って，次の計算をしなさい。

(1) $(-6)\times\left(\dfrac{1}{3}-\dfrac{1}{2}\right)$

(2) $(-46)\times 72+(-54)\times 72$

数の範《はん》囲《い》を確かめよう

次の**ア**～**エ**の式のうち，□にどんな自然数を入れても，計算の結果がいつも自然数になるのはどれですか。

ア □+□　　**イ** □−□　　**ウ** □×□　　**エ** □÷□

アと**ウ**はいつも自然数になりますが，**イ**は $2-4=\underline{-2}$，**エ**は $2\div 5=\underline{0.4}$ の
負の整数　小数
ようになることがあり，いつも自然数になるとはかぎりません。
つまり，自然数の範囲では加法と乗法はいつでもできますが，減法や除法はいつでもできるとはかぎりません。範囲を自然数から整数，小数，数全体へと広げていくことによって，減法や除法もいつでもできるようになります。

例題の答 **1** ①−10　②−6　③−12　④4　⑤−3　⑥9　**2** ①12　②−5　③19　④81　⑤−3800

10 第1章 正負の数
正の数・負の数の利用

まず ココ！ 要点を確かめよう

正の数，負の数を利用することで，いろいろな**平均**を簡単に求めることができるようになります。

つぎ ココ！ 解き方を覚えよう

例題 1 A～Fの6人の生徒のそれぞれの体重は，下の表のとおりです。6人の体重の平均を求めなさい。

	A	B	C	D	E	F
体重(kg)	54	47	56.5	52	49	53.5

50 kg を基準にして，それより重い場合は＋で，軽い場合は－で表すと，下の表のようになります。

	A	B	C	D	E	F
50 kg との差(kg)	+4	①	+6.5	②	③	+3.5

この差をすべて加えて，6でわります。

{(+4)+(①)+(+6.5)+(②)+(③)+(+3.5)}÷6＝④

よって，平均は，50＋④＝⑤(kg)

例題 2 A，B，C，Dの4人がゲームをしました。次のヒント㋐～㋒をもとに，得点がいちばん高い人と，いちばん低い人をいいなさい。

㋐ BはAより2点高い。

㋑ CはBより5点低い。

㋒ DはAより－4点高い。

Aを基準にそれぞれの得点を考えると，右の図のようになります。

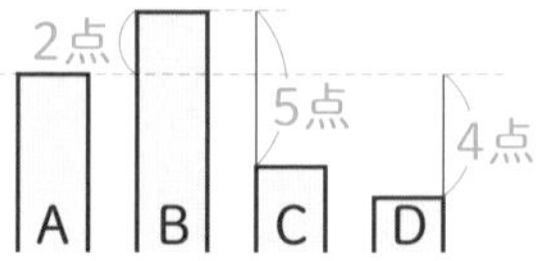

いちばん高い人…①，いちばん低い人…②

基本問題

解答⇒別冊 p.3

1 下の表は，ある工場の月曜日から金曜日までの商品 A と商品 B の出荷数《しゅっかすう》を表したものです。次の問いに答えなさい。

	月曜日	火曜日	水曜日	木曜日	金曜日
商品 A(個)	120	126	127	140	102
商品 B(個)	78	124	135	85	118

(1) 商品 A の 5 日間の平均出荷数を，120 個を基準にして正の数，負の数を使って求めなさい。

(2) 商品 B の 5 日間の平均出荷数を求めなさい。

魔《ま》方陣《ほうじん》を解いてみよう

右の図で，縦，横，ななめの和がすべて等しくなるように，ますの中に数字を入れてみましょう。
右列の和は，4+(−3)+2=3 だから，まん中の段で，
5+a+(−3)=3 より，a=1 になります。同様に，b=0，
c=−2 になり，さらに，d=−1，e=3 とわかります。
ところで，「魔方陣」であって，「魔法陣」ではないので，ご注意を。

b	d	4
5	a	−3
c	e	2

例題の答 **1** ①−3 ②+2 ③−1 ④2 ⑤52 **2** ①B ②D

確認テスト ①

目標得点：80 点

解答⇒別冊 p.3

/ 100

1 絶対値が 3 より小さい整数を，すべて書きなさい。（6点）

できなければ，p.6 へ

2 次の計算をしなさい。（6点×4＝24点）

できなければ，p.8, 10, 12 へ

(1) $-4-(-7)$

(2) $-4.5+(-1.5)$

(3) $\frac{3}{4}-\left(+\frac{1}{3}\right)$

(4) $-7-(-29)+(-16)-8$

3 次の計算をしなさい。（6点×6＝36点）

できなければ，p.14, 16, 18 へ

(1) $7\times(-5)$

(2) $(-45)\div(-9)$

(3) $(-8)^2$

(4) $(-3)\times(-6)\div(-9)$

(5) $(-1.2)\div 2$

(6) $(-12)\div\left(-\frac{6}{7}\right)$

得点UP アドバイス

- 加法と減法の混じった計算では，かっこと加法の記号＋を省いて計算できるようにしよう。
- 乗法と除法だけの式の計算では，まず，答えの符号を決めよう。
- 四則の混じった計算では，かっこの中・累乗→乗除→加減 の順を忘れないように。

4 次の計算をしなさい。（7点×4＝28点） できなければ，p.20 へ

⑴ $(-3)\times(4-6)$

⑵ $3\times(-2)-16\div(-8)$

⑶ $10\div(-3^2+12\div3)$

⑷ $(-4)^2\times\frac{3}{8}\div\left(-\frac{3}{4}\right)$

5 右の表は，A ～ E の 5 人の身長を D の身長を基準にして，それより高い場合は正の数，低い場合は負の数でそれぞれ表したものです。D の身長が 157 cm のとき，A と B の身長はそれぞれ何 cm ですか。

A	B	C	D	E
−5	+3	+6	0	+8

（単位 cm）

（3点×2＝6点） できなければ，p.22 へ

これで レベルアップ

上の **5** の問題で，5 人の身長の平均が 160 cm のとき，D の身長を求めてみましょう。

D の身長とのちがいをすべてたすと，

$(-5)+(+3)+(+6)+0+(+8)=12$(cm)

これを 5 でわると，$12\div5=2.4$(cm) になります。

これより，5 人の身長の平均は，D の身長より 2.4 cm 高いことがわかります。

5 人の身長の平均が 160 cm のとき，D はそれより 2.4 cm 低くなるので，D の身長は $160-2.4=157.6$(cm) となります。

11 第2章 文字と式
文字式の表し方

まず ココ！ 要点を確かめよう

- x や y，a，b などの文字を使った式を**文字式**といいます。
- 文字の混じった乗法では，記号 × を省きます。
- 文字と数の積では，**数を文字の前**に書きます。（文字はアルファベット順）
- 同じ文字の積は，**累乗《るいじょう》の指数**を使って表します。
- 文字の混じった除法では，記号 ÷ を使わずに**分数の形**で書きます。

つぎ ココ！ 解き方を覚えよう

例題 1 次の数量を文字を使った式で表しなさい。

(1) 1 本 a 円の鉛筆《えんぴつ》を 6 本買ったときの代金

(2) 12 L のミルクを x 人で等しく分けたときの 1 人分の量

(1) 鉛筆の代金は，(1 本の値段)×(本数) で表せるので，［①　］×6(円)

（①：1 本の値段）

(2) 1 人分の量は，(ミルクの量)÷(人数) で表せるので，12÷［②　］(L)

（②：人数）

例題 2 次の式を，文字式の表し方にしたがって書きなさい。

(1) $x \times 4 \times y$

(2) $a \times b \times b \times a \times b$

(3) $(a-4) \times 3$

(4) $a \div (-5)$

(1) 記号 × を省き，数を文字の前に書きます。$x \times 4 \times y =$ ［①　］

(2) 同じ文字の積は［②　］を使って表します。$a \times b \times b \times a \times b =$ ［③　］

(3) (　) 内はそのままで，記号 × だけ省きます。

数は前に書きます。$(a-4) \times 3 =$ ［④　］

(4) 除法は分数の形で書きます。符号《ふごう》は分数の前に書きます。

$a \div (-5) = \dfrac{a}{-5} = -$ ［⑤　］ ← $\frac{1}{5}a$ でもよい

基本問題

解答⇒別冊 p.4

1 次の数量を，文字を使った式で表しなさい。

(1) 1個 a g のりんご3個と1個 b g のみかん4個の重さの合計

(2) 1冊《さつ》 x 円のノートを3冊買って，1000円出したときのおつり

2 次の式を，文字式の表し方にしたがって書きなさい。

(1) $a\times b\times(-2)$

(2) $x\times x\times(-1)\times y$

(3) $5t\div 9$

(4) $m\times n\div 6$

文字式をもとにもどせるかな？

$a\times b=ab$ と表せることを学びました。では，$-2x^2y$ の文字式を × や ÷ の記号を使ったもとの式にもどせますか。
かくれている × や ÷ を見つけて，正しくもどしてみましょう。

① $-2x^2y=-2\times x\times x\times y$

② $3a+\dfrac{4}{b}=3\times a+4\div b$

③ $\dfrac{x}{4y}=x\div 4\div y$

例題の答 **1** ①a ②x **2** ①$4xy$ ②指数 ③a^2b^3 ④$3(a-4)$ ⑤$\dfrac{a}{5}$

12 第 2 章　文字と式

文字式と数量

まず ココ！ 要点を確かめよう

- 単位が異なる数量どうしの和や差を考えるときは，単位をそろえてから計算します。
- 割合や速さなども，文字を使って表すことができます。
- 円の周の長さや面積を求めるとき，これから円周率は 3.14 ではなく，π《パイ》を使います。

つぎ ココ！ 解き方を覚えよう

例題 1　次の数量の和を〔　〕の中の単位で表しなさい。

(1)　a m と b cm　〔cm〕　　(2)　x 分と y 秒　〔分〕

(1)　a m を cm になおすと，1 m は [①　　] cm だから，a m= [②　　] cm

よって，a m+b cm= [②　　] cm+b cm=([③　　]) cm

(2)　y 秒を分になおすと，1 秒は [④　　] 分だから，y 秒= [⑤　　] 分

よって，x 分+y 秒=x 分+ [⑤　　] 分=([⑥　　]) 分

例題 2　次の数量を，文字を使った式で表しなさい。

(1)　a 円の 5%　　(2)　時速 4 km で x 時間歩いたときの道のり

(1)　5%は $\frac{5}{100}$= [①　　] だから，a× [①　　] = [②　　] (円)

(2)　(道のり)=([③　　])×(時間) だから，時速 4 km で x 時間歩いたときの道のりは，

4× [④　　] = [⑤　　] (km)

基本問題

解答⇒別冊 p.4

1 次の数量を，〔　〕の中の単位で表しなさい。

(1) a L から 7 dL 使った残り 〔dL〕

(2) 4 kg と b g の和 〔kg〕

2 次の数量を，文字を使った式で表しなさい。

(1) 半径 5 cm の円の周の長さ

(2) x 人の 3 割

(3) y km の道のりを歩くのに，6 時間かかったときの時速

覚えているかな？　単位の関係

小学校で習ったいろいろな単位とその大きさの関係を，もう一度確認しておきましょう。

1 cm　1 m　1 km，1 g　1 kg　1 t，1 mL　1 dL　1 L，1 秒　1 分　1 時間

1 cm → 1 m	100 倍
1 m → 1 km	1000 倍
1 g → 1 kg	1000 倍
1 kg → 1 t	1000 倍
1 mL → 1 dL	100 倍
1 dL → 1 L	10 倍
1 秒 → 1 分	60 倍
1 分 → 1 時間	60 倍

例題の答　**1** ①100　②$100a$　③$100a+b$　④$\frac{1}{60}$　⑤$\frac{y}{60}$　⑥$x+\frac{y}{60}\left(\frac{60x+y}{60}\right)$　**2** ①$\frac{1}{20}$　②$\frac{a}{20}$　③速さ　④x　⑤$4x$

13　第２章　文字と式
式の値

まずココ！　要点を確かめよう

- 式の中の文字に数をあてはめることを，文字にその数を代入《だいにゅう》するといいます。
- 代入して計算した結果を式の値《あたい》といいます。

つぎココ！　解き方を覚えよう

例題 1　$x=3$ のとき，次の式の値を求めなさい。

(1)　$2-4x$　　　　(2)　x^2

(1)　もとの式を，記号 × を使った式になおしてから，x に［①　　］を代入します。

$2-4x=2-4\times x$

$=2-4\times$［①　　］$=2-$［②　　］$=$［③　　］

(2)　累乗《るいじょう》も，記号 × を使った式になおします。

$x^2=x\times x$

$=$［④　　］$\times$［④　　］$=$［⑤　　］

例題 2　$a=-2$ のとき，次の式の値を求めなさい。

(1)　$3a+5$　　　　(2)　$-3a^3$

(1)　負の数を代入するときは，かっこをつけます。

$3a+5=3\times a+5$

$=3\times($［①　　］$)+5=$［②　　］$+5=$［③　　］

(2)　指数に注意して，かっこをつけて代入します。

$-3a^3=-3\times a\times a\times a$

$=-3\times($［④　　］$)\times($［④　　］$)\times($［④　　］$)$

$=$［⑤　　］

基本問題

解答⇒別冊 p.4

1 $a=-4$ のとき，次の式の値を求めなさい。

(1) $3a$

(2) $6-a$

(3) a^2

(4) $\dfrac{8}{a}$

2 $x=\dfrac{1}{3}$ のとき，次の式の値を求めなさい。

(1) $6x-4$

(2) $\dfrac{x}{2}$

文字はどんな数でも入る“いれもの”

次の問題を解いてみましょう。
「平地の気温が x°Cのとき，平地から 3 km 上空の気温は，$(x-18)$°Cです。平地の気温が① 30 °C　② 12 °C　③ −2 °C のとき，それぞれの 3 km 上空の気温を求めなさい。」
$x-18$ の式の x に，①〜③の数を代入すると，
① 30−18=12(°C)　② 12−18=−6(°C)　③ −2−18=−20(°C)
このように，式の中の文字には，どんな数でもあてはめることができます。

例題の答　**1** ①3　②12　③−10　④3　⑤9　**2** ①−2　②−6　③−1　④−2　⑤24

14

第2章 文字と式

1次式の加法・減法

まずココ！ 要点を確かめよう

- $2+5a$ という式で，加法の記号 ＋ で結ばれた 2，$5a$ のそれぞれを項《こう》といいます。また，$5a$ の項で，数の部分 5 を a の係数《けいすう》といいます。
- 文字の部分が同じ項は，係数どうしを計算してまとめることができます。
- $5a$ や $-4x$ のように文字が1つだけの項を **1次の項**といい，1次の項だけか，1次の項と数の項との和で表すことができる式を **1次式**といいます。

つぎココ！ 解き方を覚えよう

例題1 式 $3x+2-y$ の項と，文字をふくむ項の係数をいいなさい。

$3x+2-y=3x+2+(-y)$ と表されるので，項は，[①]，[②]，[③] の3つ。

そのうち文字をふくむ項は，$3x$，$-y$ で，x の係数は [④]，y の係数は [⑤]

例題2 次の計算をしなさい。

(1) $2a-5a$　　(2) $4x+5+2x-3$

(1) 文字の部分が同じ項は，係数どうしを計算します。$2a-5a=(2-5)a=$ [①]

(2) 文字の部分が同じ項どうし，数の項どうしをまとめて計算します。

$4x+5+2x-3=4x+2x+5-3=(4+2)x+5-3=$ [②]

例題3 次の計算をしなさい。

(1) $(3a-2)+(4a+7)$　　(2) $(8x+4)-(2x+5)$

(1) $(3a-2)+(4a+7)$

$=3a-2+4a+7$　← かっこをはずす

$=3a+4a-2+7$　← 文字の項，数の項を集める

$=$ [①]

(2) $(8x+4)-(2x+5)$

$=8x+4$ [②] $2x$ [③] 5　← 符号《ふごう》に注意して，かっこをはずす

（②・③ ← 符号）

$=8x-2x+4-5$

$=$ [④]

基本問題

解答⇒別冊 p.4

1 式 $x-\frac{y}{2}+3$ の項と，文字をふくむ項の係数をいいなさい。

2 次の計算をしなさい。

(1) $7x-2x$

(2) $-6y+5y$

(3) $6x+4-3x$

(4) $-12y-3+5y+1$

(5) $(6x-3)+(-4x-3)$

(6) $(5a-2)-(9-4a)$

もう一歩

ミス多発！　(　) のはずし方に注意しよう

$(a-10)-(4a-3)$ のような計算のとき，前に－のあるかっこをはずすと，かっこの中の項の符号がすべて変わります。

$(a-10)\underline{-}(4a\underline{-}3)$
$=(a-10)+(-4a+3)$　（)の中のすべての符号を変えて加える
$=a-10\underline{-}4a\underline{+}3$　かっこをはずす

$-(2a+1)=-2a\underline{-}1$
$-(3x-3)=-3x\underline{+}3$
特に，かっこの中のうしろの項の符号に注意しよう！

例題の答　**1** ①$3x$　②2　③$-y$　④3　⑤-1　**2** ①$-3a$　②$6x+2$　**3** ①$7a+5$　②－　③－　④$6x-1$

15

第２章 文字と式

１次式と数の乗法・除法

まず ココ！ 要点を確かめよう

- 文字式と数の乗法は，かける順序を変えて，数どうしを計算して，それに文字をかけます。
- 文字式と数の除法は，分数の形にして約分するか，わる数を逆数にして，乗法になおして計算します。
- １次式と数の乗法は，分配法則 $a(b+c)=ab+ac$ を使って計算します。

つぎ ココ！ 解き方を覚えよう

例題 1 次の計算をしなさい。

(1) $2x\times(-3)$　　(2) $15a\div5$

(1) $2x\times(-3)=2\times x\times(-3)=2\times(-3)\times x=$ ［①］ $\times x=$ ［②］

(2) $15a\div5=\dfrac{［③］}{5}=$ ［④］　または，$15a\div5=15a\times$ ［⑤］ $=$ ［④］

分数の形になおす

逆数を使って乗法になおす

例題 2 次の計算をしなさい。

(1) $3(2x-4)$　　(2) $(12a+4)\div(-4)$

(3) $2(x-3)-4(2x+1)$

(1) 分配法則を使って，３をかっこの中のそれぞれの項にかけます。

$3(2x-4)=3\times$ ［①］ $+3\times(-4)=$ ［②］ -12

(2) 除法は乗法になおして，分配法則を使います。

$(12a+4)\div(-4)=(12a+4)\times\left(-\dfrac{1}{4}\right)=12a\times\left(\right.$ ［③］ $\left.\right)+4\times\left(-\dfrac{1}{4}\right)=$ ［④］ -1

(3) 分配法則を使ってかっこをはずし，文字の部分が同じ項どうしをまとめます。

$2(x-3)-4(2x+1)=2x-$ ［⑤］ $-$ ［⑥］ $-4=2x-8x-6-4=$ ［⑦］ -10

基本問題

解答⇒別冊 p.5

1 次の計算をしなさい。

(1) $(-4x)\times(-5)$

(2) $40a\div(-10)$

(3) $-2(2y+5)$

(4) $(9x-12)\div3$

(5) $-3(2a+7)+4(a+5)$

(6) $7(2x+1)-5(3x-2)$

もう一歩

分数の形のかけ算にチャレンジ

分数の形の式に数をかける計算で，分母とかける数が約分できるときは，次のように約分します。

$$\frac{x+1}{2}\times8=\frac{(x+1)\times\overset{4}{\cancel{8}}}{\underset{1}{\cancel{2}}}=(x+1)\times4=4x+4$$

約分できる

こうすれば，簡単になりますね！

例題の答 **1** ①-6 ②$-6x$ ③$15a$ ④$3a$ ⑤$\frac{1}{5}$ **2** ①$2x$ ②$6x$ ③$-\frac{1}{4}$ ④$-3a$ ⑤$6$ ⑥$8x$ ⑦$-6x$

16 第2章 文字と式
文字式の利用

まず ココ! 要点を確かめよう

- 等号＝を使って2つの数量の関係を表した式を等式《とうしき》といいます。
- 不等号（＜，＞，≦，≧）を使って，2つの数量の関係を表した式を不等式《ふとうしき》といいます。
- 等式や不等式で，等号や不等号の左側の部分を左辺《さへん》，右側の部分を右辺《うへん》，あわせて両辺《りょうへん》といいます。

つぎ ココ! 解き方を覚えよう

例題 1 次の数を，文字を使って表しなさい。
(1) 十の位が x，一の位が7の2けたの整数
(2) n を整数とするときの4の倍数

(1) たとえば，2けたの整数57は，$10\times5+1\times7$ と表すことができます。
よって，十の位が x，一の位が7の2けたの整数は
$10\times$ ① $+1\times7$ だから， ②

(2) 4の倍数は，4×1，4×2，4×3，4×4，……と表すことができます。
よって，4の n 倍は $4\times n$ だから， ③

例題 2 次の数量の関係を，等式または不等式で表しなさい。
(1) 1個 a 円のりんご5個を300円のかごに入れると，1000円だった。
(2) x の3倍に4を加えた数は，-2 以上になる。

(1) 1000円だったので，等号 ① を使って表します。
$a\times5+300=1000$ だから，
② $=1000$

(2) -2 以上なので，不等号 ③ を使って表します。
$x\times3+4\geqq-2$ だから， ④ $\geqq-2$

基本問題

解答⇒別冊 p.5

1 n を整数とするとき，次の数を n を使って表しなさい。

(1) 偶数《ぐうすう》

(2) 5 でわると商が n で，余りが 2 になる整数

2 次の数量の関係を，等式または不等式で表しなさい。

(1) 1 本 a 円の鉛筆《えんぴつ》を 6 本と 200 円の消しゴムを 1 個買ったときの代金の合計は 620 円だった。

(2) 兄は x 円，弟は y 円持っているが，兄が弟に 500 円わたすと，兄の所持金は弟の所持金の 2 倍より少なくなる。

式が表すこと

「生徒が 40 人のクラスで，1 人 a 円ずつ集めたら，1 個 b 円のバレーボールが 1 個買えた。」という関係を文字を使った式で表すとき $40a=b$ としたいところですが，要注意！
「1 個買えた」というのは，「1 個買える以上の金額が集まった」ということだから，＝の場合だけではなく，$40a \geqq b$ と表すのが正解です。
文章の表現に注意しましょう。

例題の答 **1** ①x ②$10x+7$ ③$4n$ **2** ①＝ ②$5a+300$ ③≧ ④$3x+4$

確認テスト ②

目標得点：80点

解答⇒別冊 p.5

/ 100

1 次の式を，文字式の表し方にしたがって書きなさい。（5点×4＝20点）

できなければ，p.26 へ

(1) $b \times 2 \times a \times c$

(2) $x \times (-1) \times y \times y$

(3) $7 \div x \div y$

(4) $-2 \times a - 4 \times b$

2 次の式を，×や÷の記号を使った式で表しなさい。（5点×2＝10点）

できなければ，p.26 へ

(1) $2m^2y$

(2) $\dfrac{4x}{y}$

3 次の数量を，文字を使った式で表しなさい。（5点×2＝10点）

できなければ，p.28 へ

(1) x kg の 25%

(2) 分速 60 m で a m 歩いたときにかかった時間

4 $x=-3$ のとき，次の式の値を求めなさい。（5点×2＝10点）

できなければ，p.30 へ

(1) $6-4x$

(2) $x^2-(-6)$

得点UP アドバイス

- ◎ 数量を文字を使って式に表すときのルールを覚えておこう。
- ◎ 1 次式の減法では，ひく式のかっこの中の符号《ふごう》がすべて変わることに注意しよう。
- ◎ 割合や速さ，単位の変換《へんかん》など，小学校で習ったことを再確認しておこう。

5 次の計算をしなさい。（5点×4＝20点）

できなければ，p.32 へ

(1) $3x-4x$

(2) $-2a+5-7+3a$

(3) $(2x+7)+(x-9)$

(4) $(5a-1)-(4+5a)$

6 次の計算をしなさい。（5点×4＝20点）

できなければ，p.34 へ

(1) $5x\times(-2)$

(2) $-4(5y-3)$

(3) $(25a-15)\div(-5)$

(4) $2(3x-6)-5(x-4)$

7 ある数 x を 2 倍して 6 を加えると，-5 以下になります。このときの数量の関係を不等式で表しなさい。（10点）

できなければ，p.36 へ

これで レベルアップ

半径 r cm の円の周の長さを求める公式をつくってみましょう。

この円の直径は $2r$ cm だから，円周の長さ ℓ cm は，

$\ell=2r\times\pi$ ←（円周）=（直径）×（円周率）

よって，$\ell=2\pi r$

同様にして，面積 S cm^2 も求めてみましょう。

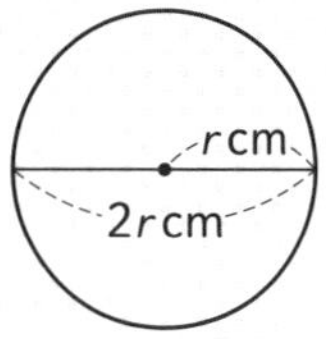

17 第3章 方程式

方程式と等式の性質

まず ココ！ 要点を確かめよう

- 式の中の文字に特定の値を代入すると成り立つ等式を**方程式**《ほうていしき》といいます。
- 方程式を成り立たせる値を方程式の**解**《かい》といい，方程式の解を求めることを方程式を**解**《と》**く**といいます。
- 方程式を解くには，次の**等式の性質**を使います。

$A=B$ ならば，
1 $A+C=B+C$
2 $A-C=B-C$
3 $A\times C=B\times C$
4 $\dfrac{A}{C}=\dfrac{B}{C}$ $(C\neq 0)$

つぎ ココ！ 解き方を覚えよう

例題 1 -1，0，1 のうち，$3x+4=-2x+9$ の解はどれですか。

その数が解かどうかを調べるには，x にその数を代入して，等式が成り立つか調べます。

$x=-1$ のとき，(左辺)$=3\times($ ［①　　］ $)+4=1$，(右辺)$=-2\times($ ［①　　］ $)+9=11$

$x=0$ のとき，(左辺)$=3\times 0+4=4$，(右辺)$=-2\times 0+9=9$

$x=1$ のとき，(左辺)$=3\times$ ［②　　］ $+4=7$，(右辺)$=-2\times$ ［②　　］ $+9=7$

よって，［③　　］ のとき，等式は成り立ちます。

例題 2 次の方程式を，等式の性質を使って解きなさい。

(1)　$x+2=5$　　　　(2)　$2x=-18$

(1)　等式の性質 2 を使います。

$x+2=5$

$x+2-$ ［①　　］ $=5-$ ［①　　］　　両辺から2をひく

$x=$ ［②　　］

(2)　等式の性質 4 を使います。

$2x=-18$

$\dfrac{2x}{［③　］}=\dfrac{-18}{［③　］}$　　両辺を2でわる

$x=$ ［④　　］

基本問題

解答⇒別冊 p.6

1 次の方程式で，4 が解であるものをいいなさい。

ア　$3x+8=2x$

イ　$-2x-5=2x+5$

ウ　$2(1-x)=-x-2$

エ　$-3+8x=6x+3$

2 次の方程式を，等式の性質を使って解きなさい。

(1)　$x-4=-8$

(2)　$\dfrac{x}{4}=-2$

(3)　$-3x=-18$

(4)　$x+6=-3$

解のたしかめ

方程式の解が正しいかどうかを確かめるには，どうすればよいでしょうか。
例題 1 で練習したように，x に解を代入して等式が成り立てば，その解は正しいといえます。
例題 2 の(2) $2x=-18$ で，解は -9 となりました。x に -9 を代入すると，
(左辺)$=2\times(-9)=-18$，(右辺)$=-18$
のように，左辺と右辺の値が等しくなるので，解が正しいことがわかります。

例題の答　1 ①-1　②1　③$x=1$　2 ①2　②3　③2　④-9

18

第3章 方程式

1次方程式の解き方

まず ココ！ 要点を確かめよう

- 等式の一方の辺にある項《こう》を，符号《ふごう》を変えて他方の辺に移すことができます。このことを**移項《いこう》**するといいます。
- 方程式を解く手順は，次のようにします。
  ① x をふくむ項を左辺に，数の項を右辺に**移項**する。
  ② $ax=b$ の形にする。
  ③ 両辺を x の係数 a でわる。
- かっこをふくむ方程式は，分配法則 $a(b+c)=ab+ac$ を使って，かっこをはずしてから解きます。

つぎ ココ！ 解き方を覚えよう

例題 1 次の方程式を解きなさい。

(1)　$3x=5x-14$　　　(2)　$7x+15=3x-5$

(1)
$3x=5x-14$
$3x$ ［①　　］ $=-14$　（$5x$ を移項する）
$-2x=-14$　（$ax=b$ の形にする）
$x=$ ［②　　］　（両辺を係数 a でわる）

(2)
$7x+15=3x-5$
$7x$ ［③　　］ $=-5$ ［④　　］　（15，$3x$ を移項する）
$4x=-20$　（$ax=b$ の形にする）
$x=$ ［⑤　　］　（両辺を係数 a でわる）

例題 2 次の方程式を解きなさい。

(1)　$4x+1=3(x+2)$　　　(2)　$3(x-2)=13-4(x+3)$

(1)
$4x+1=3(x+2)$
$4x+1=3x$ ［①　　］　（かっこをはずす）
$4x$ ［②　　］ $=6$ ［③　　］　（移項する）
$x=$ ［④　　］

(2)
$3(x-2)=13-4(x+3)$
$3x$ ［⑤　　］ $=13-4x$ ［⑥　　］　（かっこをはずす）
$3x+4x=13-12+6$　（移項する）
$7x=$ ［⑦　　］　（$ax=b$ の形にする）
$x=$ ［⑧　　］　（両辺を係数 a でわる）

基本問題

解答⇒別冊 p.6

1 次の方程式を解きなさい。

(1) $3x+2=8$　　(2) $6-2x=10$

(3) $4x-9=3x-4$　　(4) $-5x+7=-3x-9$

2 次の方程式を解きなさい。

(1) $2(x+1)=-x+5$　　(2) $-3(2x-4)=5(x-2)$

どの等式の性質を使っているかな？

次の方程式を解くとき，使う等式の性質は 40 ページの [1]～[4] の性質のうちどれですか。

$-1-x=-4x+2$
　↓ 等式の性質 [1]
$-x+4x=2+1$
$3x=3$
　↓ 等式の性質 [4]
$x=1$

移項するときは等式の性質 [1] か [2] を，$x=$～ の形にするときは等式の性質 [3] か [4] を使います。

例題の答　**1** ① $-5x$　② 7　③ $-3x$　④ -15　⑤ -5　**2** ① $+6$　② $-3x$　③ -1　④ 5　⑤ -6　⑥ -12　⑦ 7　⑧ 1

いろいろな方程式 ①

まず ココ！ 要点を確かめよう

- 係数に小数をふくむ方程式では，10，100，1000 などを両辺にかけて，係数を整数になおし，小数をふくまない形に変形してから解きます。
- 係数に分数をふくむ方程式では，分母の(最小)公倍数を両辺にかけて分母をはらい，分数をふくまない形に変形してから解きます。

つぎ ココ！ 解き方を覚えよう

例題 1 次の方程式を解きなさい。

(1) $2.5x-4.6=0.4$　　　(2) $\frac{3}{4}x-5=\frac{1}{2}x$

(1) 係数を整数にするために，両辺に ① をかけます。

$(2.5x-4.6)\times 10=0.4\times 10$

└左辺全体を 10 倍するので，( )をつける

$2.5x\times 10-$ ② $\times 10=0.4\times 10$

$25x-46=4$

$25x=4+$ ③

$25x=50$

$x=$ ④

(2) 両辺に分母の最小公倍数の ⑤ をかけます。

$\left(\frac{3}{4}x-5\right)\times 4=\frac{1}{2}x\times 4$

$\frac{3}{4}x\times 4-5\times$ ⑥ $=\frac{1}{2}x\times 4$

$3x-20=$ ⑦

$3x-2x=20$

$x=$ ⑧

基本問題

解答⇒別冊 p.6

1 次の方程式を解きなさい。

(1) $1.3x=-3.6-0.5x$

(2) $5+0.03x=0.28x$

(3) $0.3x+1=0.14x-0.6$

(4) $\frac{1}{5}x+3=2$

(5) $\frac{3}{4}x-7=2x+\frac{1}{2}$

(6) $\frac{2x+1}{3}=\frac{5x-8}{4}$

分母をはらえる？ はらえない？

次の㋐，㋑の式は似ていますが，ちがいます。

㋐ $\frac{1}{2}x+3=\frac{3}{4}x+1$　　㋑ $\frac{1}{2}x+3+\frac{3}{4}x+1$

㋐は方程式，㋑は文字式です。

㋐は方程式なので，分母をはらってから解きますが，㋑は文字式なので，分数は通分してそのまま文字の項，数だけの項どうしで計算します。㋑は分母をはらうことはできないので，注意しましょう。

例題の答 1 ①10 ②4.6 ③46 ④2 ⑤4 ⑥4 ⑦$2x$ ⑧20

20 第3章 方程式

いろいろな方程式 ②

まず ココ！ 要点を確かめよう

- $2:3=10:15$ のような，比が等しいことを表す式を**比例式《ひれいしき》**といいます。比例式では，$a:b=c:d$ ならば，$ad=bc$ が成り立ちます。
- x についての方程式で解がわかっていて，その方程式の中の文字の値を求めるときは，解を方程式に代入します。

つぎ ココ！ 解き方を覚えよう

例題 1 次の比例式を解きなさい。

(1) $x:8=6:16$　　(2) $4:3=(x+2):15$

(1) 比例式の性質を利用します。

$x:8=6:16$

$x\times$ ①□ $=8\times6$

$16x=48$

$x=$ ②□

(2) かっこの中の数を 1 つの数と考えます。

$4:3=(x+2):15$

$4\times15=$ ③□ $\times(x+2)$

$60=3x+$ ④□

$-3x=-54$

$x=$ ⑤□

例題 2 x についての方程式 $6-5x=-2x-3a$ の解が $x=3$ のとき，a の値を求めなさい。

解が $x=3$ だから，$6-5x=-2x-3a$ は，$x=3$ のとき成り立ちます。

よって，x に ①□ を代入して，　$6-5\times$ ②□ $=-2\times3-3a$

$-9=-6-3a$ ← a についての方程式とみる

$3a=3$

$a=$ ③□

基本問題

解答⇒別冊 p.6

1 次の比例式を解きなさい。

(1) $x:9=7:3$

(2) $5:7=x:35$

(3) $(x+1):6=2:3$

(4) $2:(x-5)=8:12$

2 x についての方程式 $3(x+4)=2a+5$ の解が $x=-3$ のとき，a の値を求めなさい。

比例式を利用して解いてみよう

「50 円と 80 円のシールが合わせて 320 枚あります。50 円と 80 円のシールの枚数の比は $3:5$ です。80 円のシールは何枚ありますか。」

この問題を比例式を使って解いてみましょう。

50 円と 80 円のシールの枚数の比が $3:5$ だから，全体は $3+5=8$ になります。

80 円のシールの枚数を x 枚とすると，$320:x=8:5$

これを解いて，$x=200$

よって，80 円のシールは 200 枚になります。

例題の答 **1** ①16 ②3 ③3 ④6 ⑤18 **2** ①3 ②3 ③1

21 第3章 方程式
1次方程式の利用 ①

まず ココ！ 要点を確かめよう

➡ 方程式を使って問題を解くには，次の手順で行います。
① 問題の意味をよく考えて，何を x で表すかを決める。
② 問題にふくまれている数量を，x を使って表す。
③ 等しい関係に着目して，**方程式**をつくる。
④ 方程式を**解く**。
⑤ 求めた解が問題の答えとして適しているかどうかを**確かめる**。

つぎ ココ！ 解き方を覚えよう

例題 1 ノートを 4 冊と 130 円のボールペンを 1 本買って，1000 円はらうと，おつりは 310 円でした。ノート 1 冊の値段はいくらですか。

1000円−(ノート 4 冊の代金+ボールペン 1 本の代金)=310円 だから，ノート 1 冊の値段を x 円とすると，

1000−(① ＿＿＿ +130)=310

これを解くと，x= ② ＿＿＿ これは問題に適している。

よって，ノート 1 冊の値段は ② ＿＿＿ 円

例題 2 1 個 120 円のりんごと 1 個 230 円のなしを合わせて 8 個買いました。そのときの代金の合計は 1620 円でした。それぞれ何個買いましたか。

りんごを x 個買ったとすると，なしは(① ＿＿＿)個買ったことになります。

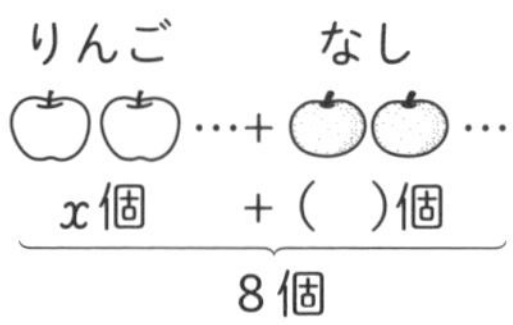

そのときの代金の合計が 1620 円だから，方程式をつくると，

$120x+230(8-x)=1620$

これを解くと，x= ② ＿＿＿ なしの個数は 8− ② ＿＿＿ = ③ ＿＿＿

これは問題に適している。

よって，りんごは ② ＿＿＿ 個，なしは ③ ＿＿＿ 個

基本問題

解答⇒別冊 p.7

1 1本120円のペンと1本150円のシャープペンシルを合わせて12本買ったら，代金の合計は1560円になりました。それぞれの本数を求めなさい。

2 あるケーキ4個と1個200円のプリンを2個買ったときの代金は，同じケーキ1個と1個250円のシュークリームを1個買ったときの代金の3倍になりました。このケーキ1個の値段はいくらですか。

「解が問題に適している」とは？

方程式を利用して問題を解くとき，その方程式の解が問題に適していない場合があります。
たとえば，例題1で求めた解が，もし分数や負の数になったとしたら，答えとしておかしいですよね。
ノート1冊の値段ですから，答えは自然数になるはずです。
求めた解が問題の答えとして適しているかどうか，必ず確かめましょう。

例題の答　**1** ①$4x$　②140　**2** ①$8-x$　②2　③6

1 次方程式の利用 ②

まず ココ！ 要点を確かめよう

➡ 方程式の文章題を解くには，次のことが大切です。

㋐ 数量の関係をわかりやすくするために，**図や表**に表してみる。

㋑ **速さ**の関係，**割合**，**平均**の求め方などをきちんと使いこなせるようにしておく。

つぎ ココ！ 解き方を覚えよう

例題 1 弟が，1 km 離《はな》れた学校に向かって家を出発しました。それから 7 分たって，姉が弟の忘れ物に気づいて，自転車で同じ道を追いかけました。弟は分速 60 m，姉は分速 200 m で進むものとすると，姉は出発してから何分後に弟に追いつきますか。また，家から何 m のところで追いつきますか。

姉が家を出発してから x 分後に弟に追いつくとして，下の表に整理してみましょう。

	分速(m)	かかった時間(分)	進んだ道のり(m)
弟	60	①	②
姉	200	x	③

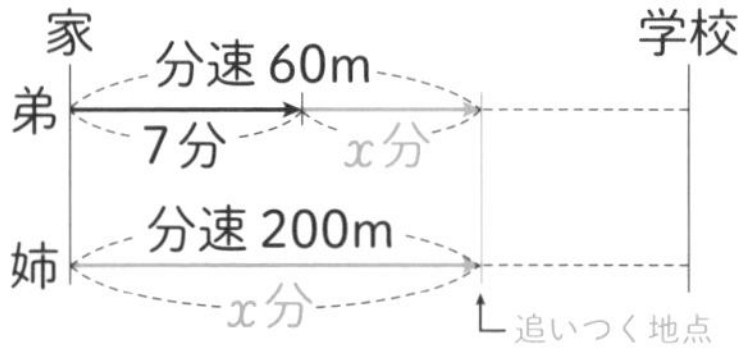

姉が弟に追いついたとき，2 人の進んだ ④［　　］が等しいから，

②［　　　　］$= 200x$

弟の進んだ道のり　　姉の進んだ道のり

これを解くと，$x=$ ⑤［　］

追いついた地点は，$200x$ に $x=3$ を代入して，⑥［　　］m

これは，学校までの道のりの 1 km$=$1000 m より短いから，
姉は弟に追いつけます。
よって，$x=3$ は問題に適している。

（答）⑤［　］分後，⑥［　　］m

基本問題

解答⇒別冊 p.7

1 弟が駅に向かって家を出発し，分速 50 m の速さで進みました。兄は弟より 4 分遅れて家を出発し，同じ道を分速 70 m の速さで追いかけました。兄は家を出発してから何分後に弟に追いつきますか。

2 ふもとから山頂まで分速 50 m で登るのと，同じ道を山頂からふもとまで分速 80 m で下るのとでは，かかる時間が 24 分ちがいます。ふもとから山頂までの道のりを x m として，次の問いに答えなさい。

(1) 登りにかかる時間を，x を使って表しなさい。

(2) 方程式をつくり，x の値を求めなさい。

単位に気をつけよう

上の基本問題 **2** と同じ速さで歩いたとき，登りと下りでかかる時間が 1 時間ちがったとしましょう。さて，方程式をつくることができますか。

$\frac{x}{50}-\frac{x}{80}=1$ としてしまった人は注意しましょう。左辺の数量はそれぞれ $\frac{x}{50}$ 分，$\frac{x}{80}$ 分ですが，右辺は 1 時間です。

そう！左辺と右辺で単位をそろえなければいけません。

つまり，$\frac{x}{50}-\frac{x}{80}=60$ が正解です。これを解いて，$x=8000$ となります。

例題の答 1 ①$x+7$ ②$60(x+7)$ ③$200x$ ④道のり ⑤3 ⑥600

確認テスト ③

目標得点：80点

/ 100

解答⇒別冊 p.7

1 次の方程式を解きなさい。（5点×6＝30点）

できなければ，p.40, 42 へ

(1) $x+3=-1$

(2) $6x=-48$

(3) $-3x+5=8$

(4) $5x+3=2x+9$

(5) $2x-9=15-2x$

(6) $7-3(1-x)=13$

2 次の方程式を解きなさい。（5点×4＝20点）

できなければ，p.44 へ

(1) $0.8-0.5x=-1.2$

(2) $0.2x+1=0.7x-2$

(3) $\frac{x}{4}-\frac{3}{2}=-1$

(4) $\frac{x}{2}-\frac{5}{6}=2x-\frac{1}{3}$

得点UP アドバイス

- ◎ 方程式を解く手順をしっかり覚えておこう。
- ◎ 方程式を利用して問題を解くとき，数量を図や表などに整理すると，等しい関係がよくわかる。それをもとに方程式をつくろう。

3 次の比例式を解きなさい。（5点×2＝10点） できなければ，p.46 へ

(1)　$4:7=x:21$　　　　(2)　$3:(8-x)=9:12$

4 何人かの子どもに鉛筆《えんぴつ》を分けるのに，1 人に 4 本ずつ分けると 3 本余り，1 人に 5 本ずつ分けると 7 本たりないといいます。子どもの人数と鉛筆の本数を求めなさい。（20点） できなければ，p.48, 50 へ

5 A，B の 2 地点間を，行きは時速 6 km，帰りは時速 4 km で歩くと，往復で 1 時間 40 分かかりました。A 地点から B 地点までの道のりを求めなさい。

（20点） できなければ，p.48, 50 へ

これで レベルアップ

ある品物を定価の 2 割引きで 80 個売ったところ，売り上げは 44800 円になりました。この品物の定価を求めてみましょう。

定価を x 円とします。（定価の 2 割引き）=（定価の 8 割）と考えます。

x 円の 8 割は $x\times\frac{8}{10}=\frac{4}{5}x$ だから，$\frac{4}{5}x\times80=44800$　$x=700$

これは問題に適している。　よって，この品物の定価は 700 円です。

23 第 4 章 比例と反比例
関数と変域

まず ココ！ 要点を確かめよう

2 m の深さのプールに，一定の割合で水を入れます。x 時間後の水の深さを y cm とするとき，

① x，y はいろいろな値をとります。このような文字を**変数**《へんすう》といいます。

② x の値を決めると，それにともなって y の値もただ 1 つに決まるとき，**y は x の関数**《かんすう》**である**といいます。

③ また，y は最大 2 m（200 cm）までの値しかとりません。この変数のとりうる値の範囲を**変域**《へんいき》といい，不等号を使って，$0 \leqq y \leqq 200$ と表します。

つぎ ココ！ 解き方を覚えよう

例題 1　次のア～ウのうち，y が x の関数であるものはどれですか。

ア　縦が x cm，横が 5 cm の長方形の面積は y cm^2 である。

イ　450 ページある本を x ページ読んだときの残りのページ数は y ページである。

ウ　x 歳《さい》の人の体重は y kg である。

x の値を決めると，それにともなって y の値もただ 1 つに決まるとき，y は x の ［①　　］ であるといえます。

ア（長方形の面積）=（縦）×（横）だから，［②　　］=［③　　］×5　$y=5x$

イ（残りのページ数）=（450 ページ）−（読んだページ数）だから，［④　　］=450−［⑤　　］

ウ 年齢《ねんれい》を決めても体重はただ 1 つに決まらないので，関数ではありません。

したがって，y が x の関数であるものは，［⑥　　］と［⑦　　］

例題 2　例題 1 のイで，x，y のそれぞれの変域を，不等号を使って表しなさい。

x，y はどちらも 0 から ［①　　］ までの値をとることができるから，

$0 \leqq x \leqq$ ［②　　］，［③　　］ $\leqq y \leqq 450$

基本問題

解答⇒別冊 p.8

1 ふろに水を入れます。水面が1分間に3 cmの割合で上昇するように水を入れていくとき，x分後の水の深さをy cmとします。ただし，水は底から45 cmのところで止めます。次の問いに答えなさい。

(1) xとyの関係を表した下の表をうめなさい。

x	0	1	2	3	4	5	
y	0						

(2) yをxの式で表しなさい。

(3) yはxの関数であるといえますか。

(4) 何分後に水を止めればよいですか。

(5) xとyの変域を，それぞれ不等号を使って表しなさい。

変域の表し方

変数xが5以上8未満の範《はん》囲《い》の値をとるとき，xの変域を不等号を使って表すと，$5 \leqq x < 8$ となります。これを数直線に表すと，右の図のようになります。

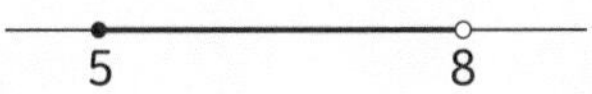

□以上□以下のときは，その数□をふくみます。
□未満のときは，その数□をふくみません。
数直線上では，●はその数をふくみ，○はふくみません。

例題の答 **1** ①関数 ②y ③x ④y ⑤x ⑥ア ⑦イ（⑥と⑦は順不同） **2** ①450 ②450 ③0

24 第4章 比例と反比例

比　例

まず ココ！ 要点を確かめよう

- y が x の関数で $y=ax$ の式で表されるとき，y は x に比例《ひれい》するといいます。このとき，文字 a を比例定数《ひれいていすう》といいます。
- $x \neq 0$ のとき，$\dfrac{y}{x}$ の値は一定で，比例定数に等しくなります。
- y が x に比例するとき，x の値が 2 倍，3 倍，4 倍，……になると，y の値も 2 倍，3 倍，4 倍，……となります。

つぎ ココ！ 解き方を覚えよう

例題 1　次の数量の関係について，y を x の式で表し，y が x に比例するかどうかを答えなさい。また，比例するものはその比例定数もいいなさい。

⑴　1 本 80 円の鉛筆《えんぴつ》を x 本買ったら，代金は y 円でした。

⑵　面積が 20cm^2 の長方形の縦を x cm，横を y cm とします。

⑴　(代金)=(1 本の値段)×(本数) だから，[①]＝80×[②]

よって，$y=$[③]　これは比例する。また，比例定数は[④]

⑵　(縦)×(横)=(長方形の面積) だから，[⑤]×[⑥]＝20

よって，$y=$[⑦]　これは比例しない。

例題 2　y は x に比例し，$x=4$ のとき $y=-8$ です。y を x の式で表しなさい。また，$x=-3$ のときの y の値を求めなさい。

y は x に比例するから，比例定数を a とすると，$y=$[①] とおけます。

$x=4$ のとき $y=-8$ だから，$y=ax$ に代入して，[②]$=a\times$[③]　$a=$[④]

よって，$y=$[⑤]

この式に $x=-3$ を代入して，$y=-2\times(-3)=$[⑥]

基本問題

解答⇒別冊 p.8

1 次の数量の関係について，y を x の式で表しなさい。また，比例するものには○を，比例しないものには×を書きなさい。

(1) 500 円で，1 本 80 円の鉛筆を x 本買ったときの残金は y 円

(2) 底辺が 5 cm，高さが x cm の平行四辺形の面積は y cm^2

2 次の問いに答えなさい。

(1) y は x に比例し，$x=-2$ のとき $y=-10$ です。y を x の式で表しなさい。

(2) y は x に比例し，$x=6$ のとき $y=3$ です。y を x の式で表しなさい。また，$x=-4$ のときの y の値を求めなさい。

表からわかること

右の表は，比例 $y=-4x$ について，x と y の関係を表したものです。
この表から，$x=1$ のときの y の値が比例定数であること，x の値が 2 倍，3 倍になると，y の値も 2 倍，3 倍となることがわかります。

2倍　2倍　3倍

x	…	-2	-1	0	1	2	3	…
y	…	8	4	0	-4	-8	-12	…

2倍　2倍　3倍

例題の答　**1** ①y　②x　③$80x$　④80　⑤x　⑥y　⑦$\frac{20}{x}$　**2** ①ax　②-8　③4　④-2　⑤$-2x$　⑥6

25 第4章 比例と反比例
座　標

まずココ！ 要点を確かめよう

➡ 平面上で点の位置を表すときは，右の図のように点O で垂直に交わる2つの数直線を考えます。横の直線を x 軸《じく》，縦の直線を y 軸，x 軸と y 軸を合わせて座標軸《ざひょうじく》といいます。また，座標軸の交点Oを原点《げんてん》といいます。

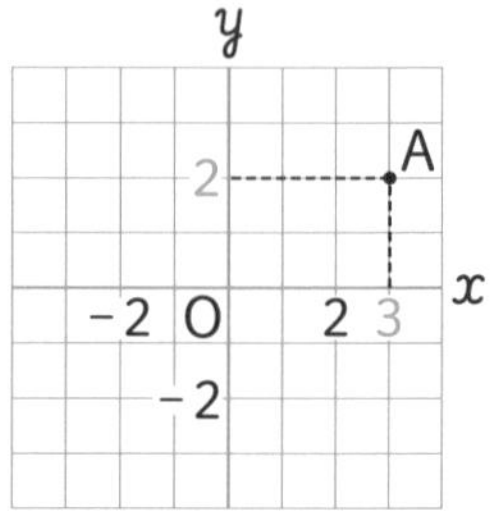

➡ 右の図で点Aの位置は，点Aから x 軸，y 軸に垂直な線をひき，それぞれの軸と交わる点の目もりを読みます。3が点Aの x 座標，2が点Aの y 座標だから，点Aの座標はA(3, 2)と表します。A(3, 2)は，原点から右へ3，上へ2だけ進んだところの点とも考えられます。

つぎココ！ 解き方を覚えよう

例題 1 右の図について，次の問いに答えなさい。

(1) 点A，B，C，Dの座標をいいなさい。

(2) 点E (0, −3)の座標を正しく表しているのは，右の図のア～ウのうちのどれですか。

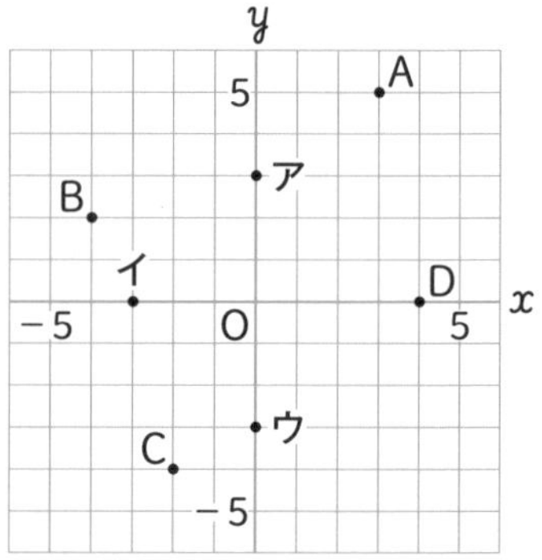

(1) 座標は，x 座標，y 座標の順で表します。

点Aは，x 座標が [①]，y 座標が [②] だから，

A ([①], [②]) と表します。

同じように，B([③], [④])，C([⑤], [⑥])

点Dは x 軸上にあるから，x 座標は4，y 座標は0となり，

D([⑦], [⑧]) と表します。

(2) x 座標が0より，点Eは [⑨] 軸上にあり，

y 座標は −3 だから，図の [⑩]

基本問題

解答⇒別冊 p.8

1 右の図で，点 A，B，C，D，E，F の座標をいいなさい。

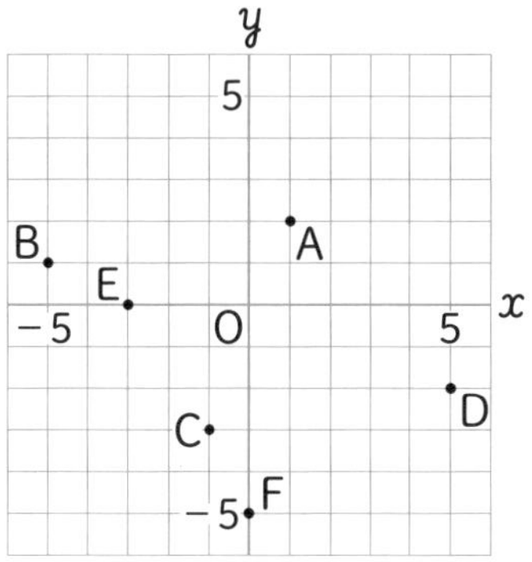

A (　　　　　)

B (　　　　　)

C (　　　　　)

D (　　　　　)

E (　　　　　)

F (　　　　　)

2 次の点を，右の図に示しなさい。

P (5, 2)
Q (2, −4)
R (1, 0)
S (−4, −3)

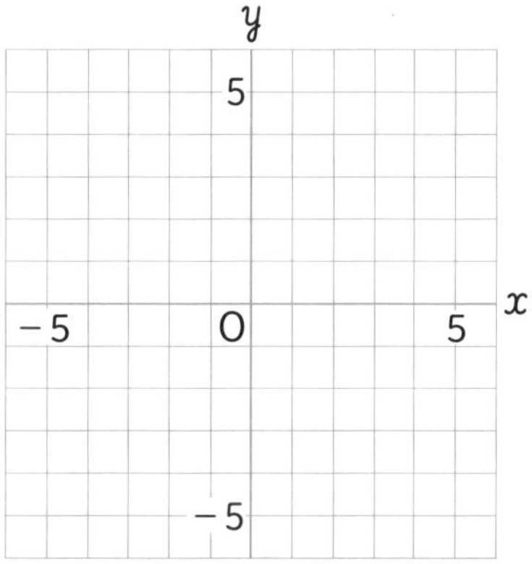

いろいろな点の座標

点 A(2, 4)，B(4, 2) について，次のような点の座標を求めてみましょう。

(1) x 軸について A と対称《たいしょう》な点
　A′ (2, −4) ←y 座標の符号が変わる

(2) y 軸について B と対称な点
　B′ (−4, 2) ←x 座標の符号が変わる

(3) 原点について A と対称な点
　A″(−2, −4) ←x 座標，y 座標の符号が変わる

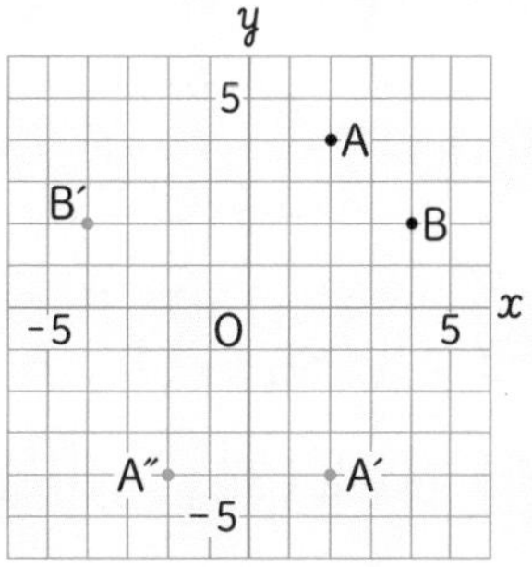

例題の答 1 ①3 ②5 ③−4 ④2 ⑤−2 ⑥−4 ⑦4 ⑧0 ⑨y ⑩ウ

26 第4章 比例と反比例
比例のグラフ

まず ココ! 要点を確かめよう

- $y=ax$ のグラフは，原点を通る直線になります。
- $y=ax$ のグラフで，
  ① $a>0$ のとき，グラフは右上がりになります。
  ② $a<0$ のとき，グラフは右下がりになります。

つぎ ココ! 解き方を覚えよう

例題 1 次のグラフのかき方を答えなさい。

(1) $y=3x$　　　　(2) $y=-x$

(1) x の値に対応する y の値を求めます。

x	…	−3	−2	−1	0	1	2	…
y	…	−9	［①］	［②］	0	［③］	［④］	…

この表の x，y の値の組を座標とする点をとっていき，それらを結びます。

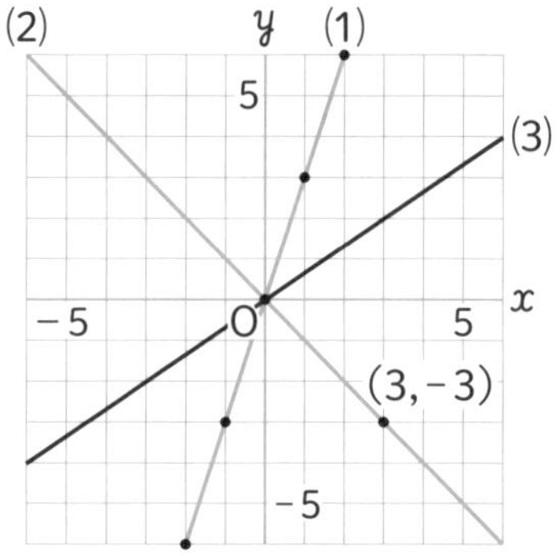

(2) (1)のように，x と y の値の組をすべてかかなくても，次の方法でグラフをかくことができます。

$y=-x$ で，$x=3$ のとき $y=$［⑤］だから，グラフは点(［⑥］，［⑤］)を通ります。よって，原点Oと点(［⑥］，［⑤］)を通る直線をひきます。

例題 2 右上の図のグラフ(3)は，比例のグラフです。y を x の式で表しなさい。

グラフ(3)が通る点のうち，座標がはっきり読みとれる点を見つけます。

グラフは点(3，［①］)を通ります。この点の座標を $y=$［②］の式に代入します。

$x=3$，$y=2$ だから，$2=a\times$［③］　$2=3a$　$a=\frac{［④］}{3}$　よって，式は $y=$［⑤］x

（$2=3a$ の 3 → 分母になる）

基本問題

解答⇒別冊 p.8

1 右の図に，次の(1)〜(3)のグラフをかきなさい。

(1) $y=2x$

(2) $y=\frac{1}{3}x$

(3) $y=-4x$

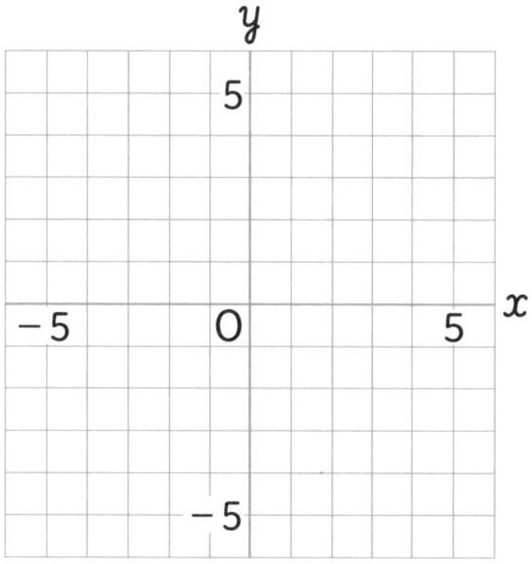

2 右の図の(1)〜(3)のグラフは，比例のグラフです。それぞれについて，y を x の式で表しなさい。

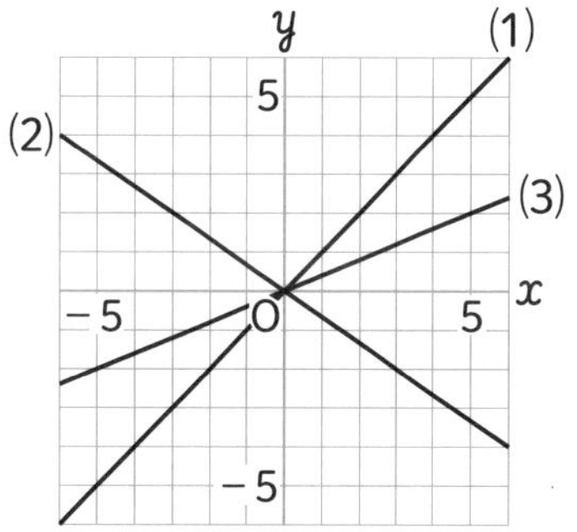

もう一歩

グラフの傾きから，比例定数がわかる

右の図のように原点と点 (3, 2) を通る直線は，右へ3移動すると，上へ2移動する，右上がりのグラフです。この傾きは3を分母に，2を分子にすると $\frac{2}{3}$ で，これがこの直線の比例定数を表します。よって，この直線の式は $y=\frac{2}{3}x$ とわかります。

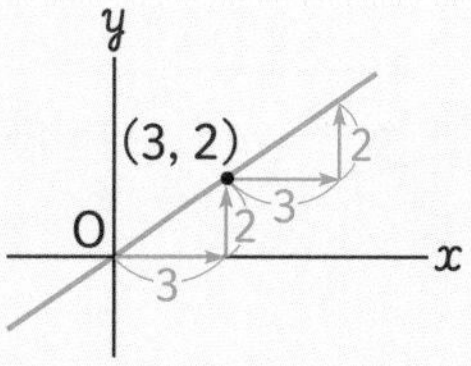

27 反比例

まず ココ！ 要点を確かめよう

- y が x の関数で，$y=\dfrac{a}{x}$ の式で表されるとき，y は x に**反比例《はんぴれい》**するといいます。a は**比例定数**です。

- 反比例では，x の値が 2 倍，3 倍，4 倍，……になると，y の値は $\dfrac{1}{2}$ 倍，$\dfrac{1}{3}$ 倍，$\dfrac{1}{4}$ 倍，……になります。また，x と y の**積は一定**です。

つぎ ココ！ 解き方を覚えよう

例題 1 次の数量の関係について，y を x の式で表し，y が x に反比例するかどうかを答えなさい。また，反比例するものはその比例定数もいいなさい。

(1) 1 辺が x cm の正方形の周の長さが y cm

(2) 12 km の道のりを時速 x km で歩くと，y 時間かかりました。

(1) (正方形の周の長さ)=(1 辺の長さ)×4 だから，$y=x\times$ [①]

よって，$y=$ [②] これは反比例しない。

(2) (時間)=(道のり)÷(速さ) だから，$y=$ [③] $\div x$

よって，$y=$ [④] これは反比例する。比例定数は [⑤]

例題 2 y は x に反比例し，$x=3$ のとき $y=6$ です。y を x の式で表しなさい。

比例定数を a とすると，$y=$ [①] とおけます。$x=3$ のとき $y=6$ だから，それぞれの値を代入して，[②] $=\dfrac{a}{[③]}$ $a=6\times3=$ [④] よって，$y=\dfrac{[④]}{x}$

基本問題

解答⇒別冊 p.9

1 次の数量の関係について，y を x の式で表しなさい。また，比例定数もいいなさい。

(1) 20 L 入る水そうに毎分 x L ずつ水を入れると，いっぱいになるのにかかる時間は y 分

(2) 縦 x cm，横 y cm の長方形の面積は 30 cm^2

2 次の問いに答えなさい。

(1) y は x に反比例し，$x=-2$ のとき $y=3$ です。y を x の式で表しなさい。

(2) y は x に反比例し，$x=-4$ のとき $y=-6$ です。y を x の式で表しなさい。また，$x=2$ のときの y の値を求めなさい。

反比例の比例定数はすぐ見つかる

右の表は，反比例 $y=\dfrac{12}{x}$ について，x と y の関係を表したものです。よく見ると，x と y の値の積はいつも 12 になっていることがわかります。この 12 は比例定数を表しています。すなわち，反比例の比例定数は，x と y の値の積で求めることができるのです。

x	1	2	3	4	…
y	12	6	4	3	…
xy	12	12	12	12	…

例題の答 **1** ①4 ②$4x$ ③12 ④$\dfrac{12}{x}$ ⑤12 **2** ①$\dfrac{a}{x}$ ②6 ③3 ④18

反比例のグラフ

まず ココ！ 要点を確かめよう

➡ $y=\frac{a}{x}$ のグラフは双曲線《そうきょくせん》という，2つのなめらかな曲線になります。このグラフは x 軸や y 軸とは交わりません。

つぎ ココ！ 解き方を覚えよう

例題 1 $y=\frac{8}{x}$ のグラフのかき方を答えなさい。

x の値に対応する y の値を求めます。

x	−8	−4	−2	−1	0	1	2	4	8
y	−1	①	②	③	×	④	⑤	⑥	1

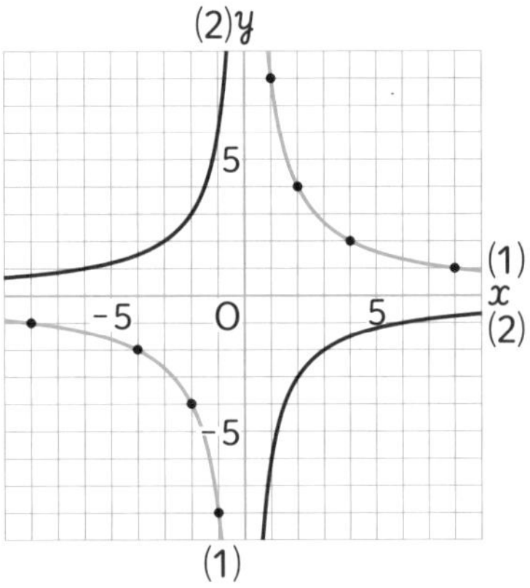

上の表から x，y の値の組を座標とする点をとっていき，それらをなめらかな ⑦［　　］ で結びます。

右の図の ⑧［　　］ が，そのグラフです。

例題 2 右上の図のグラフ(2)は，反比例のグラフです。y を x の式で表しなさい。

グラフが通る点の座標を読みとります。

たとえば，このグラフは，(2, ①［　　］) を通るので，

これを $y=\frac{a}{x}$ に代入すると，

①［　　］$=\frac{a}{2}$　$a=$①［　　］$\times 2=-$②［　　］

よって，$y=-\frac{②［　　］}{x}$

基本問題

解答⇒別冊 p.9

1 右の図に，次の(1)，(2)のグラフをかきなさい。

(1) $y=\dfrac{12}{x}$

(2) $y=-\dfrac{4}{x}$

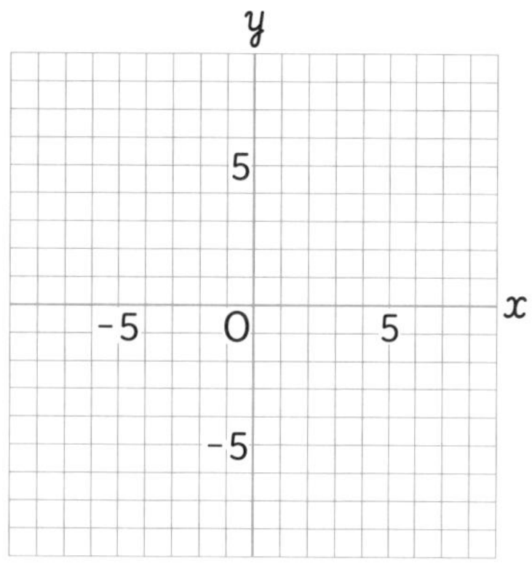

2 右の図の(1)，(2)は，反比例のグラフです。それぞれについて，y を x の式で表しなさい。

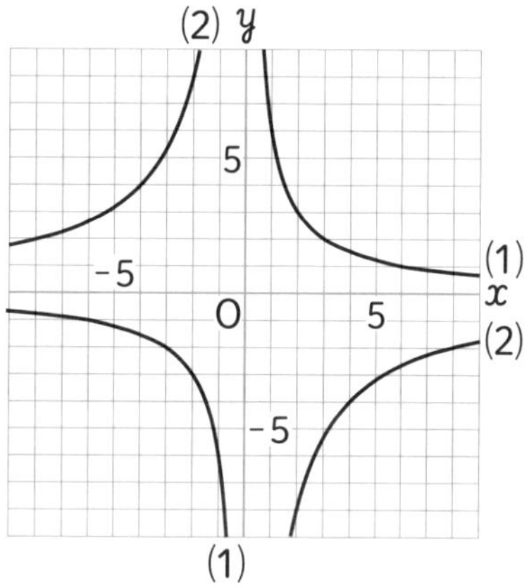

もう一歩

比例定数の符号でわかること

反比例 $y=\dfrac{a}{x}$ のグラフは双曲線ですが，双曲線がどの場所にあるかは，比例定数 a が正か負かによって決まります。

$a>0$ のとき

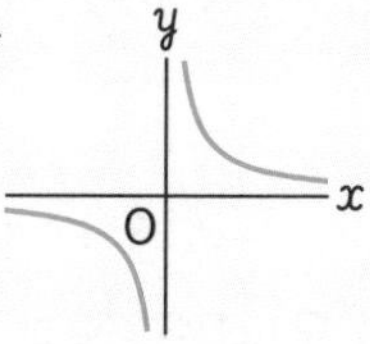

$a<0$ のとき

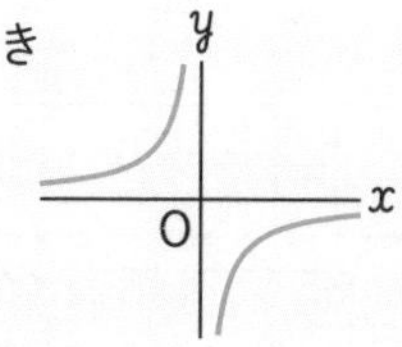

例題の答 **1** ①−2 ②−4 ③−8 ④8 ⑤4 ⑥2 ⑦曲線 ⑧(1) **2** ①−3 ②6

29 比例・反比例の利用

まず ココ！ 要点を確かめよう

- 比例の関係を利用して，さまざまな問題を解くことができます。また，速さの問題などを比例のグラフを利用して解くことができます。
- 反比例の関係を利用して解くことができる問題もあります。
- 問題の中に示された数量の関係が，比例か反比例かを正しく判断します。

つぎ ココ！ 解き方を覚えよう

例題 1 兄と弟が同時に家を出発し，家から 800 m 離《はな》れた図書館に行きます。兄は毎分 80 m の速さで歩き，弟は自転車で毎分 200 m の速さで行きます。弟が図書館に着いたとき，兄は図書館まであと何 m の所にいますか。

家を出発してから x 分後に家から y m 離れた所にいるとして，兄，弟それぞれの x と y の関係をグラフに表します。

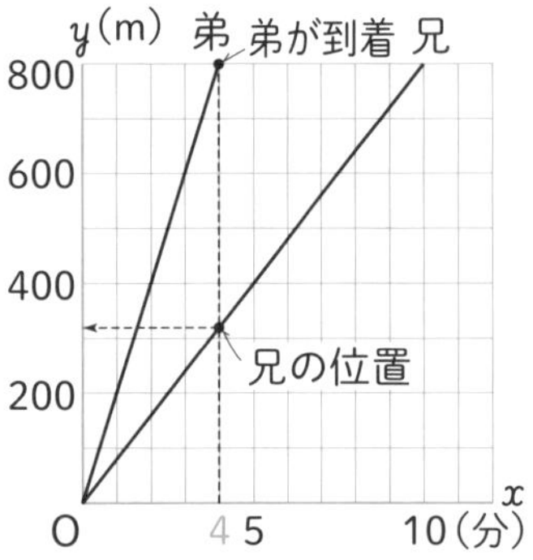

(道のり)=(速さ)×(時間) だから，

兄は，

$y=$ ［①　］ $\times x=$ ［②　］

弟は，

$y=$ ［③　］ $\times x=$ ［④　］

この 2 つの式をグラフで表すと，どちらも ［⑤　］ のグラフになります。

グラフより，弟が図書館に着くのは，出発してから ［⑥　］ 分後だから，兄のグラフの式

$y=$ ［②　］ に $x=$ ［⑥　］ を代入すれば，兄の位置がわかります。

$y=80\times$ ［⑥　］ $=$ ［⑦　］

よって，800 − ［⑦　］ = ［⑧　］ より，兄は図書館まであと ［⑧　］ m の所にいます。

基本問題

解答⇒別冊 p.9

1 あるコピー用紙 20 枚の重さをはかると，90 g でした。このコピー用紙 x 枚の重さを y g として，次の問いに答えなさい。

⑴ y を x の式で表しなさい。

⑵ コピー用紙 400 枚の重さは何 g ですか。

2 1 分間に 3 L ずつ水を入れると，100 分で満水になる水そうがあります。この水そうを 25 分で満水にするには，1 分間に何 L ずつ水を入れればよいですか。

点が動く問題にチャレンジ！

右の図のような長方形 ABCD で，点 P は辺 BC 上を B から C まで動きます。BP を x cm，三角形 ABP の面積を y cm^2 とするとき，y を x の式で表してみましょう。

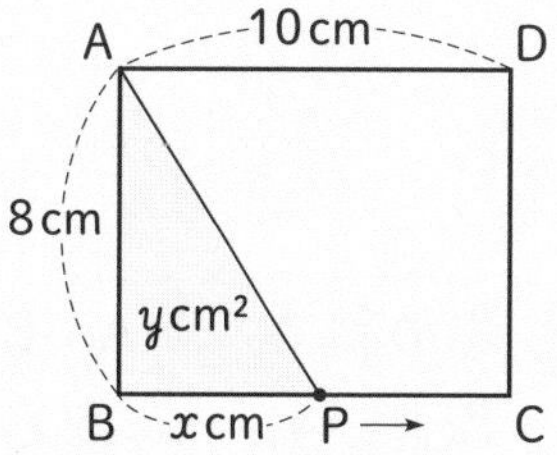

ABP は三角形だから，

(三角形の面積)$=\frac{1}{2}\times$(底辺)$\times$(高さ) の公式にあてはめると，

$y=\frac{1}{2}\times x\times 8=4x$ となります。比例の式になりますね！

例題の答 **1** ①80 ②$80x$ ③200 ④$200x$ ⑤比例 ⑥4 ⑦320 ⑧480

確認テスト ④

目標得点：80点

/ 100

解答⇒別冊 p.9，10

1 次の(1)〜(3)について，y を x の式で表しなさい。また，比例するものには○，反比例するものには×，比例でも反比例でもないものには△を書きなさい。

（8点×3＝24点） できなければ，p.56, 62 へ

(1) 1 日のうち，x 時間が昼，y 時間が夜

(2) 2000 m の道のりを，分速 x m で進んだときにかかる時間が y 分

(3) 底辺が 10 cm，高さが x cm の三角形の面積が y cm^2

2 次の問いに答えなさい。（10点×2＝20点） できなければ，p.56, 62 へ

(1) y は x に比例し，$x=3$ のとき $y=-12$ です。y を x の式で表しなさい。また，$x=-5$ のときの y の値を求めなさい。

(2) y は x に反比例し，$x=-6$ のとき $y=-6$ です。y を x の式で表しなさい。また，$x=9$ のときの y の値を求めなさい。

3 右の図で，点 A，B の座標をいいなさい。また，点 P$(-4,\ -2)$ を右の図に示しなさい。

（2点×3＝6点） できなければ，p.58 へ

A（　　　　），B（　　　　）

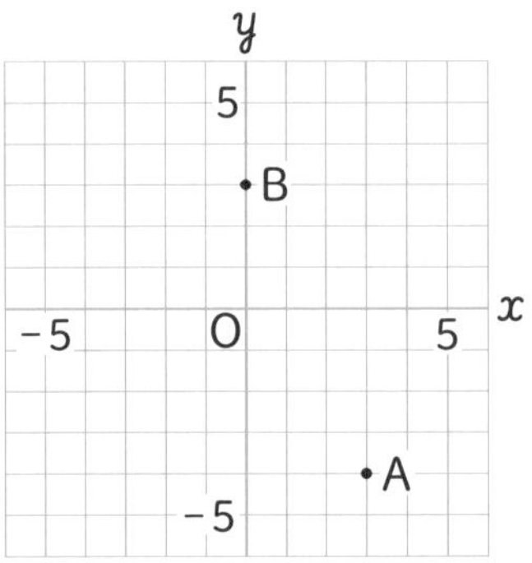

得点UP アドバイス

- ◎ 2つの数量の関係が比例なのか反比例なのか，まず確かめよう。
- ◎ 比例や反比例の式をグラフに表したり，グラフから式を読みとれるようにしよう。
- ◎ 比例定数の正負によって，グラフの傾きや位置が変わるので注意しよう。

4 右の図に，次の(1)～(3)のグラフをかきなさい。

（10点×3＝30点） ➔ できなければ，p.60, 64 へ

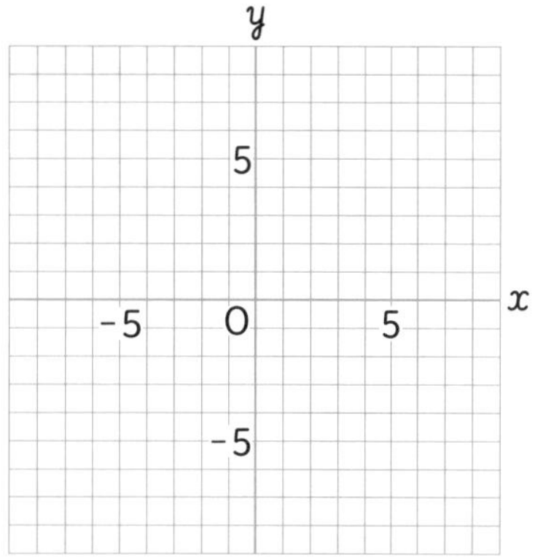

(1) $y=-5x$

(2) $y=\frac{2}{3}x$

(3) $y=-\frac{12}{x}$

5 右の図の①は比例のグラフ，②は反比例のグラフです。それぞれについて，y を x の式で表しなさい。

（10点×2＝20点） ➔ できなければ，p.60, 64 へ

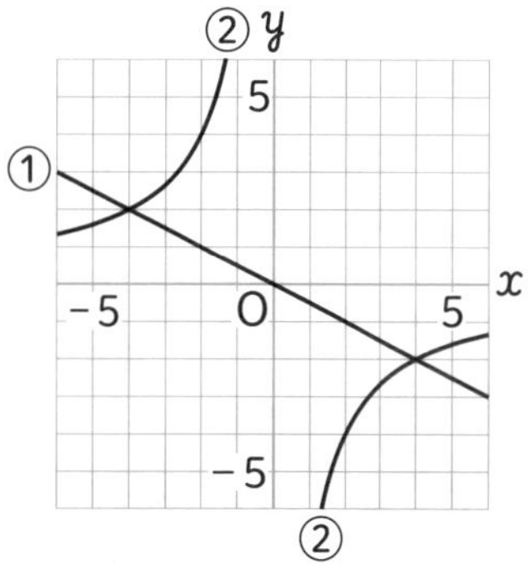

これで レベルアップ

右の図で，①は $y=ax$ のグラフで，②は $y=\frac{b}{x}$ のグラフです。
2つのグラフが点A(3, 4) で交わっているとき，a，b の値を求めてみましょう。

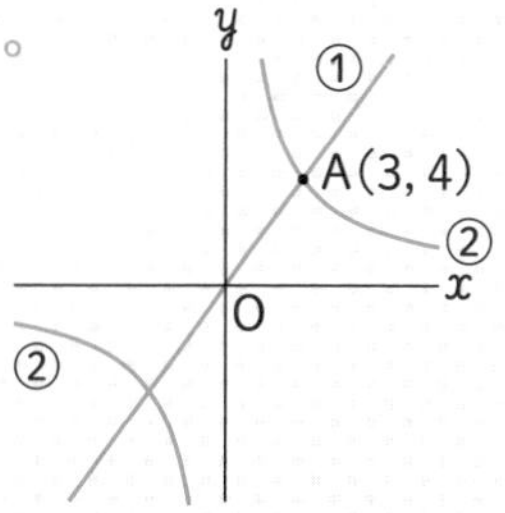

2つのグラフが点Aで交わる→2つのグラフがどちらも点Aを通る→ $x=3$ のとき，$y=4$
これを①，②の式にそれぞれ代入すればよいのです。

よって，①は，$4=3a$ より，$a=\frac{4}{3}$

②は，$4=\frac{b}{3}$ より，$b=4\times3=12$

30

第5章　平面図形

直線と角

まず ココ！ 要点を確かめよう

- まっすぐにかぎりなくのびている線を**直線**といい，直線の一部分で両端《りょうたん》のあるものを**線分**《せんぶん》といいます。
- 線分 AB を B のほうへまっすぐにかぎりなくのばしたものを**半直線**《はんちょくせん》**AB** といいます。
- 三角形 ABC を，記号**△**を使って**△ABC** と表します。

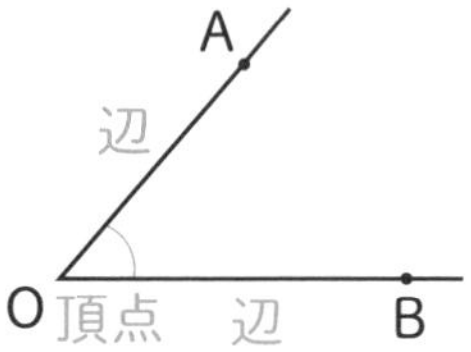

- 右の図のように，1つの点 O から出る2つの半直線 OA，OB によって角ができるとき，この角を記号**∠**を使って**∠AOB** と表します。
- 平行な2直線を**平行線**といいます。2直線 AB と CD が平行であることを，記号 **//** を使って **AB//CD** と表します。
- 2直線が垂直に交わるとき，一方の直線を他方の直線の**垂線**《すいせん》といいます。2直線 ℓ と m が垂直であることを，記号**⊥**を使って **ℓ⊥m** と表します。

つぎ ココ！ 解き方を覚えよう

例題 1　右の図のように，平面上に4点 A，B，C，D があります。直線 AB，線分 BC，半直線 BD をそれぞれかきなさい。

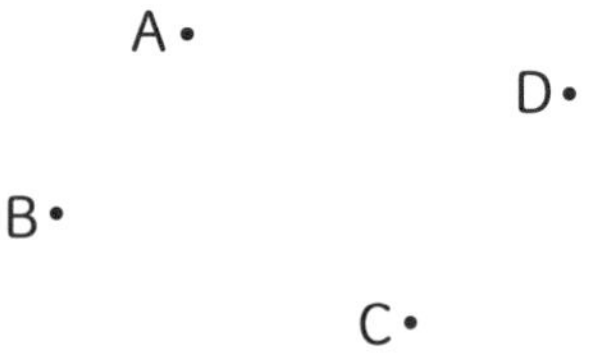

直線はまっすぐにかぎりなくのびている線なので，直線 AB は2点 A，［①　］を結び，両端をそのまま延長させます。

線分 BC は，2点 B，［②　］を結んでできる直線の一部分です。半直線 BD は，線分 BD を点［③　］のほうへかぎりなくのばします。

それぞれ，右の図のようになります。

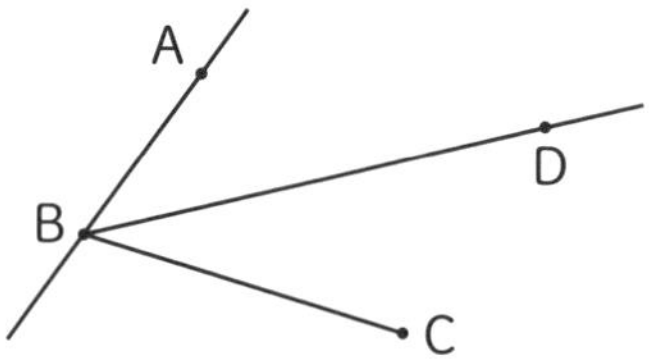

基本問題

解答⇒別冊 p.10

1 次の□の中に，あてはまることばや記号を入れなさい。

(1) 2 点 A，B を通る直線を□AB といいます。直線 AB のうち，A から B までの部分を□AB といいます。

(2) 右の図のような角を，記号□を使って，□と表し，□と読みます。

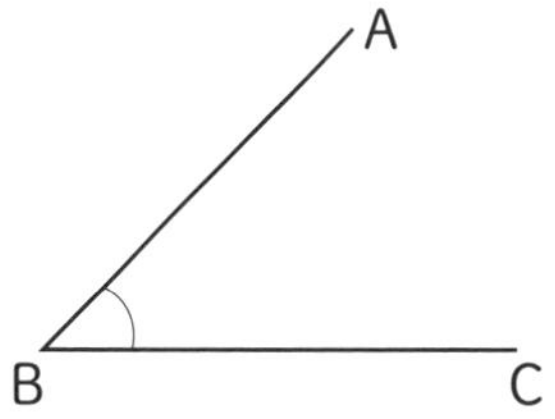

2 右の図は，辺 AD と辺 BC が平行な台形です。∠C＝90° のとき，次の問いに答えなさい。

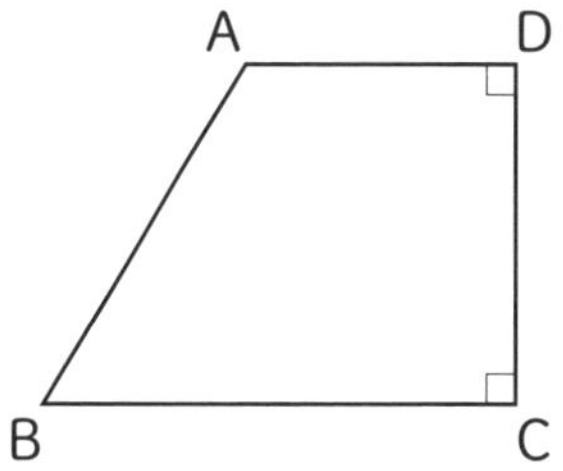

(1) AD と BC が平行であることを，記号を使って表しなさい。

(2) DC と BC が垂直であることを，記号を使って表しなさい。

(3) DC と BC が垂直であることから，DC を BC の何といいますか。

他にもこんな記号や言葉があるよ

㋐ AB と CD が平行であることを表すとき，＞の印をつけます。

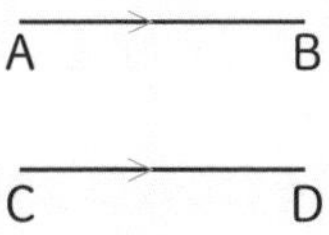

㋑点 M は線分 AB を 2 等分する点で中点《ちゅうてん》といいます。直線 ℓ は点 M を通り，線分 AB と垂直に交わるので，線分 AB の垂直二等分線といいます。このとき，$AM=\frac{1}{2}AB$ と表すこともできます。

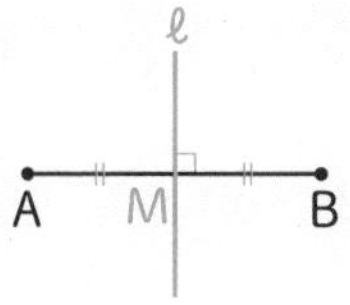

例題の答　1 ①B ②C ③D

31

第５章　平面図形

図形の移動 ①

まず ココ！ 要点を確かめよう

- 図形を一定の方向に，一定の距離《きょり》だけ動かす移動を**平行移動**といいます。
- 平行移動では，対応する点を結ぶ線分は**平行**で，その**長さは等しく**なります。
- 図形をある点を中心として，一定の角度だけ回転させる移動を**回転移動**といい，中心とした点を**回転の中心**といいます。
- 回転移動では，対応する点は回転の中心から**等しい距離**にあり，対応する点と回転の中心を結んでできる**角の大きさはすべて等しく**なります。

つぎ ココ！ 解き方を覚えよう

例題 1

右の図は，△ABC を点 O を中心として，時計の針の回転と反対回りに 90° だけ回転移動させた △PQR をかいたものです。次の問いに答えなさい。

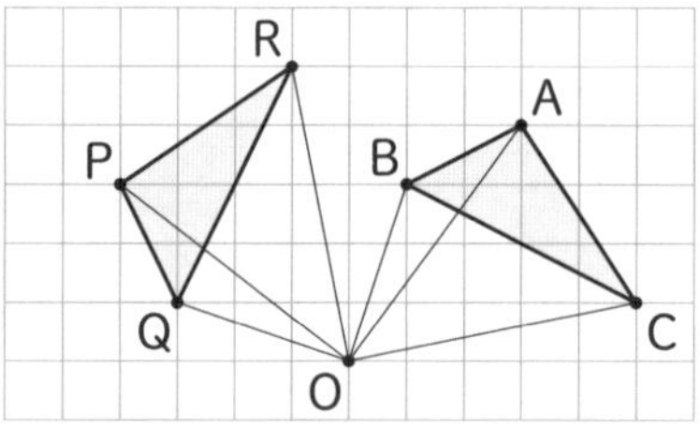

(1)　点 A に対応する点はどれですか。

(2)　線分 OB と等しい長さの線分をいいなさい。

(3)　∠COR は何度ですか。また，同じ角度になる角を 2 つあげなさい。

(1)　線分 OA を点 O を中心として，時計の針の回転と反対回りに 90° だけ回転移動させたものが線分 [①　　] だから，点 A に対応する点は，点 [②　　]

(2)　線分 OB を点 O を中心として，時計の針の回転と反対回りに 90° だけ回転移動させたものが線分 [③　　] だから，線分 OB と長さが等しくなるのは，線分 [③　　]

(3)　線分 OC を点 O を中心として，時計の針の回転と反対回りに 90° だけ回転移動させたものが線分 [④　　] だから，∠COR は [⑤　　]°

同じように，∠[⑥　　]，∠[⑦　　] も 90° となります。

基本問題

解答⇒別冊 p.10

1 下の△ABCを，矢印の方向に矢印の長さだけ平行移動させてできる△A′B′C′をかきなさい。

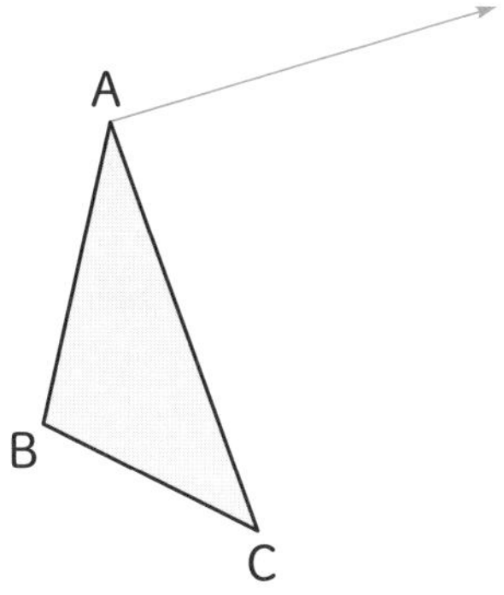

2 下の△ABCを点Oを中心として180°だけ回転移動させた△A′B′C′をかきなさい。

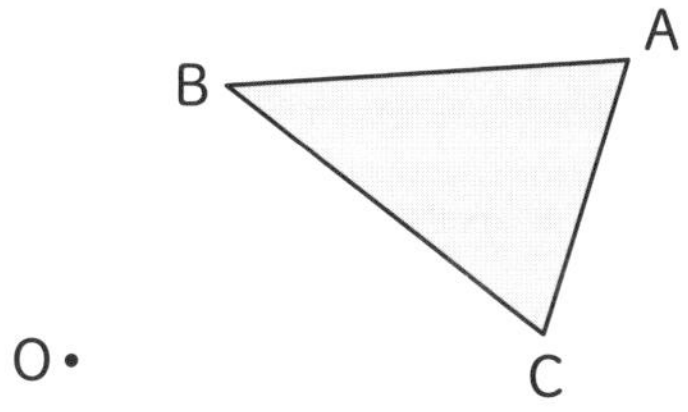

点対称な図形

右のような図形は，点Oを中心として180°だけ回転移動させると，もとの図形に重ね合わせることができます。
小学校ですでに習いましたが，このような図形を**点対称な図形**といいます。また，図形を180°だけ回転移動させることを**点対称移動**といいます。

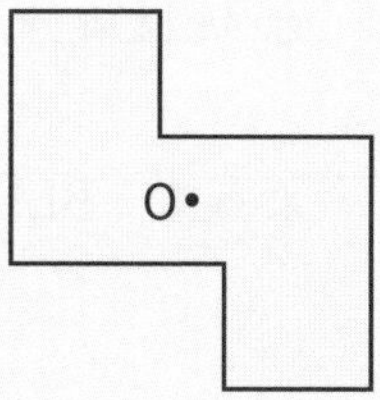

32 第5章 平面図形

図形の移動 ②

まず ココ！ 要点を確かめよう

- 図形を，ある直線を折り目として折り返す移動を**対称《たいしょう》移《い》動《どう》**といい，折り目の直線を**対称の軸《じく》**といいます。
- 対称移動では，対応する点を結ぶ線分は，対称の軸によって**垂直に2等分**されます。

つぎ ココ！ 解き方を覚えよう

例題 1

右の四角形 EFGH は，四角形 ABCD を直線 ℓ を対称の軸として対称移動させたものです。次の問いに答えなさい。

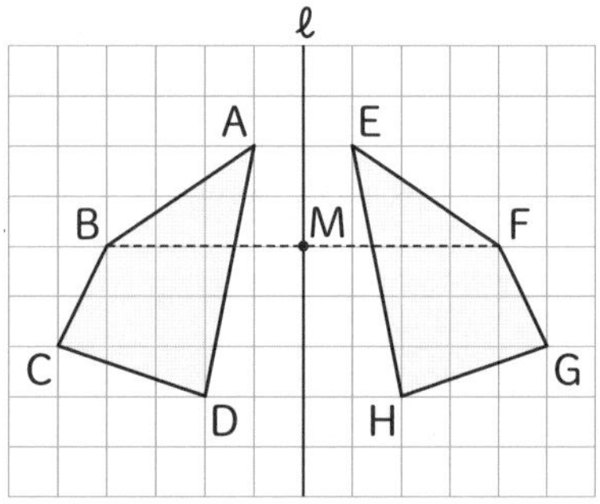

(1) 点 C と対応する点をいいなさい。

(2) 辺 AB と対応する辺をいいなさい。

(3) 線分 BF と直線 ℓ との関係を，記号を使って表しなさい。

(4) 線分 BF と直線 ℓ との交点を M とします。BF＝4 cm のとき，BM の長さを求めなさい。

(1) 直線 ℓ を折り目として折ったとき，点 C と重なる点だから，点 ①［　　］

(2) 直線 ℓ を折り目として折ったとき，辺 AB と重なる辺だから，辺 ②［　　］

(3) 線分 BF と直線 ℓ は垂直に交わるから，BF ③［　　］ ℓ
　　　↑記号

(4) 点 M は線分 BF の ④［　　］ だから，BM＝ ⑤［　　］ BF

よって，BM＝ ⑥［　　］ cm

基本問題

解答⇒別冊 p.10

1 右の図の合同な四角形㋐～㋓について，次の問いに答えなさい。

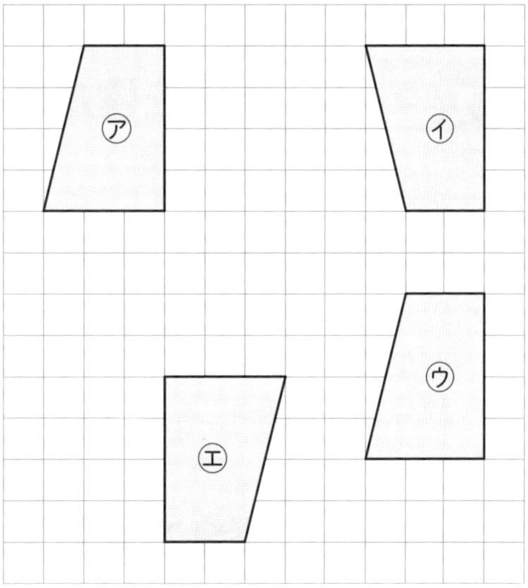

(1) 平行移動だけで㋒に重ね合わせることができる四角形はどれですか。また，そのときの移動の方向と距離《きょり》を，矢印のついた線分で示しなさい。

(2) 対称移動だけで重ね合わせることのできる四角形は，どれとどれですか。また，そのときの対称の軸をかきなさい。

(3) 四角形㋐を点 O を中心として，180°だけ回転移動させた四角形が㋓であるとき，回転の中心 O をかきなさい。

作図ミスに注意！

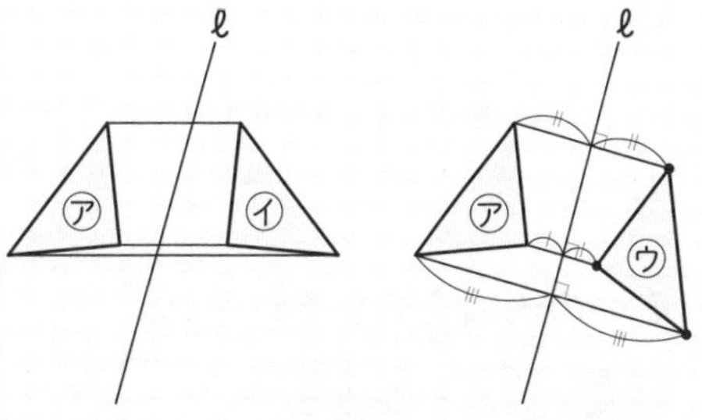

右の 2 つの図で，三角形㋐を直線 ℓ を対称の軸として対称移動したのは，㋑と㋒のどちらですか。
もちろん，㋒のほうですね。
作図の問題では，うっかり左側のようにかく人がいます。
対応する点を結ぶ線分は，対称の軸に垂直であることを忘れないように！

例題の答　1 ①G　②EF　③⊥　④中点　⑤$\frac{1}{2}$　⑥2

作　図　①

まず ココ！ 要点を確かめよう

- 定規(目もりは使わない)とコンパスを使って，条件に合った正しい図をかくことを**作図**といいます。
- 線分 AB の垂直二等分線 ℓ 上に点 P をとると，**PA=PB** となります。また，2 点 A，B からの距離が等しい点は，線分 AB の**垂直二等分線上**にあります。

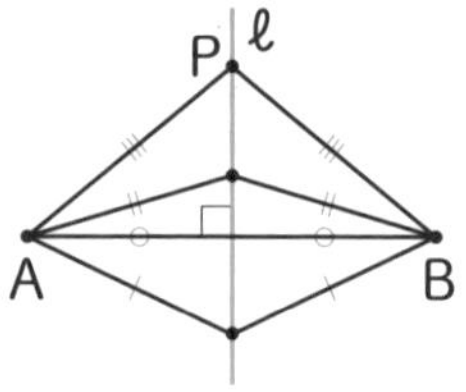

つぎ ココ！ 解き方を覚えよう

例題 1　直線 ℓ 上にない点 P から直線 ℓ への垂線の作図のしかたを答えなさい。

① 点 P を中心として ℓ に交わる [①　　] をかき，ℓ との交点をそれぞれ A，B とします。

② 点 A，B をそれぞれ中心として [②　　] 半径の円をかき，その交点の 1 つを [③　　] とします。

③ 直線 PC をひきます。

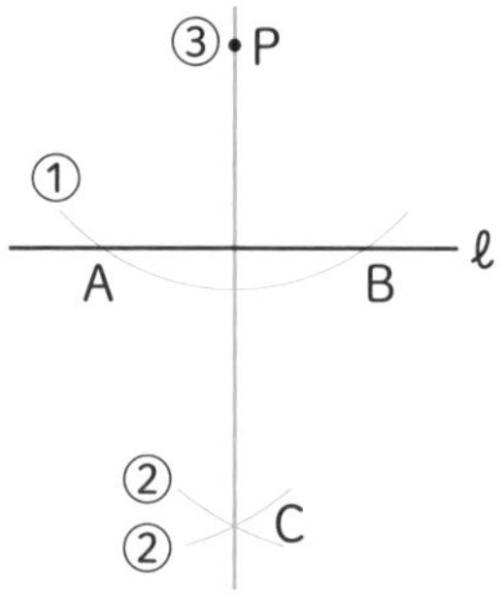

例題 2　線分 AB の垂直二等分線の作図のしかたを答えなさい。

① 点 A，B をそれぞれ中心として，[①　　] 半径の円をかきます。

② 2 つの円の交点をそれぞれ [②　　]，[③　　] とします。

③ 直線 CD をひきます。

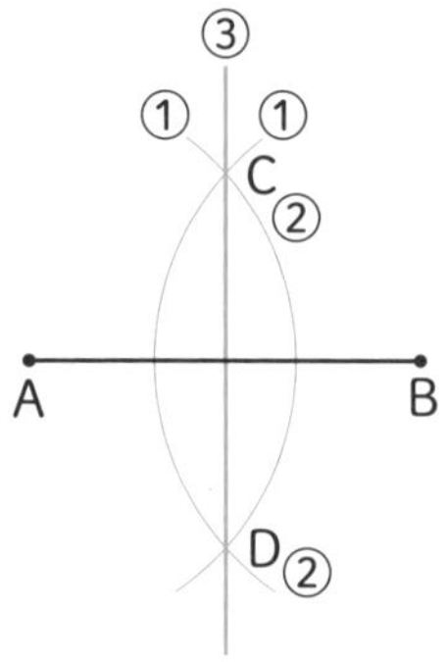

作図では，
分度器は使わないよ。

基本問題

解答⇒別冊 p.11

1 下の図の △ABC で，頂点 A から辺 BC への垂線を作図しなさい。

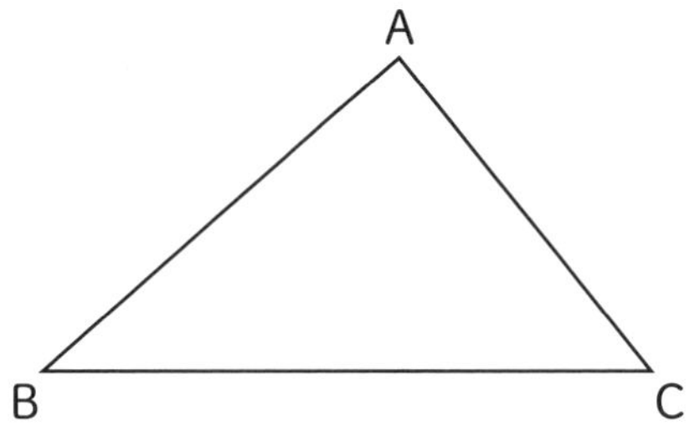

2 下の図で，直線 ℓ 上にあって，2 点 A，B からの距離が等しい点 P を作図しなさい。

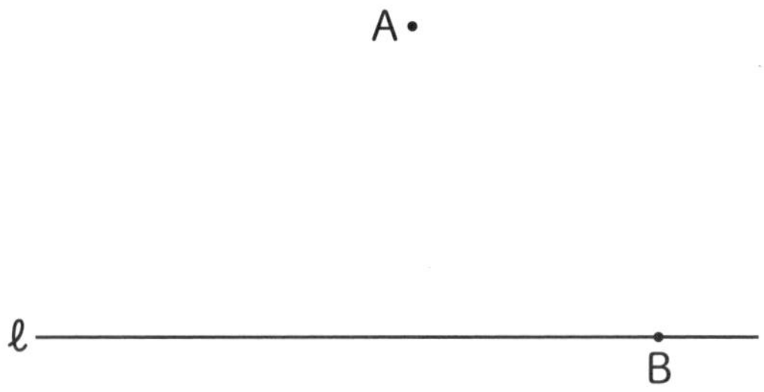

「距離」とは？

右の線分 AP は，点 A と直線 ℓ との距離を表し，線分 PQ は，平行な 2 直線 ℓ，m の距離を表しています。どちらの場合も，垂線で表したこの距離が，長さが最も短くなります。

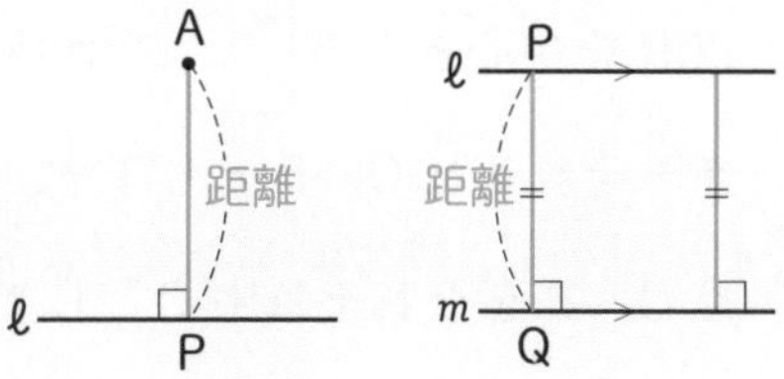

例題の答　**1** ①円　②等しい　③C　**2** ①等しい　②C　③D（②と③は順不同）

34 第5章 平面図形

作 図 ②

まず ココ！ 要点を確かめよう

- 1つの角を2等分する半直線を，その角の二等分線といいます。
- 右の図のように，直線ℓが円Oと円周上の1点Pで交わるとき，直線ℓは円Oに接《せっ》するといい，直線ℓを円Oの接線《せっせん》，円Oと直線ℓが接する点Pを接点《せってん》といいます。
- 円の接線は，接点を通る半径に垂直です。

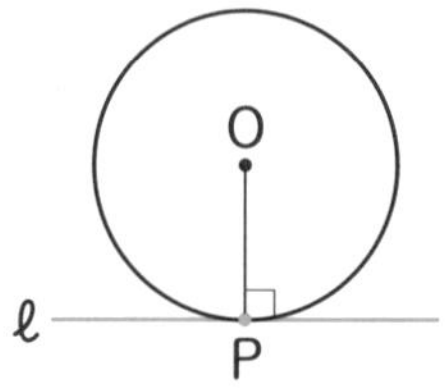

つぎ ココ！ 解き方を覚えよう

例題 1 ∠ABCの二等分線の作図のしかたを答えなさい。

① 角の頂点Bを中心とする［①　　］をかき，角の2辺との交点をそれぞれ［②　　］，［③　　］とします。

② 点P，Qを中心として［④　　］半径の円をかき，その交点を［⑤　　］とします。

③ 半直線BRをひきます。

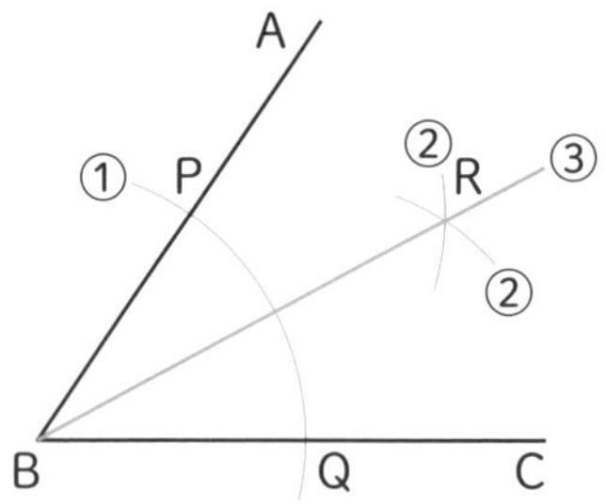

例題 2 円Oの円周上の点Pを通る接線の作図のしかたを答えなさい。

① Oと点Pを結び，そのまま延長します。

② 点Pを中心とする［①　　］をかき，①の半直線OPとの交点をそれぞれQ，Rとします。

③ 点Q，Rをそれぞれ中心として［②　　］半径の円をかき，その交点を［③　　］とします。

④ 直線SPをひきます。

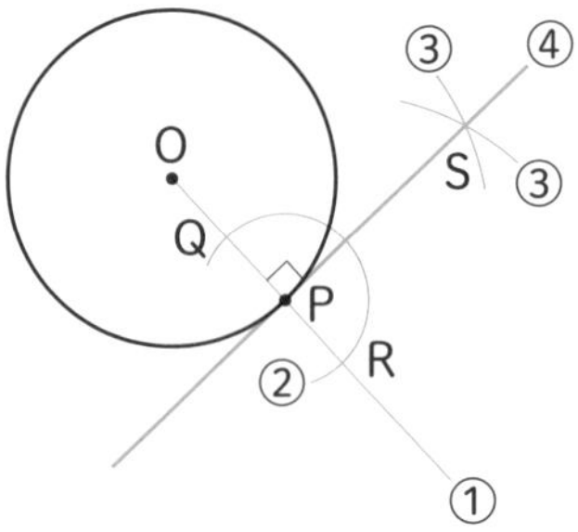

基本問題

解答⇒別冊 p.11

1 次の問いに答えなさい。

(1) 下の図で，∠AOC の二等分線 OP と，∠BOC の二等分線 OQ を作図しなさい。

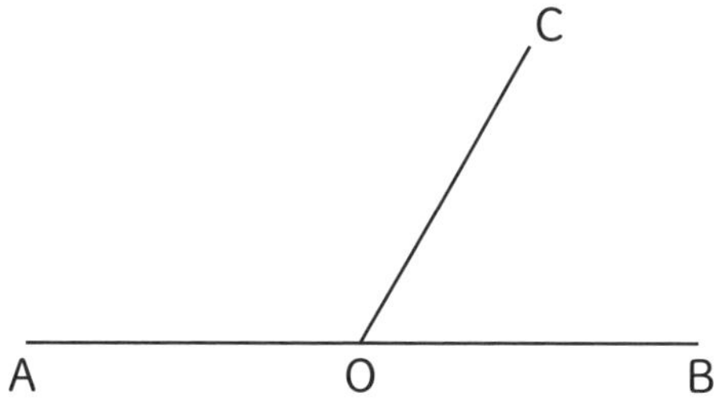

(2) ∠POQ の大きさは何度ですか。

2 下の図で，3 点 A，B，C を通る円 O を作図しなさい。また，点 A を通る円 O の接線 ℓ も作図しなさい。

分度器を使わず，45°の角をかいてみよう

次のような方法で 45°の角を作図することができます。

①点 P から直線 ℓ に垂線 PO をひきます。

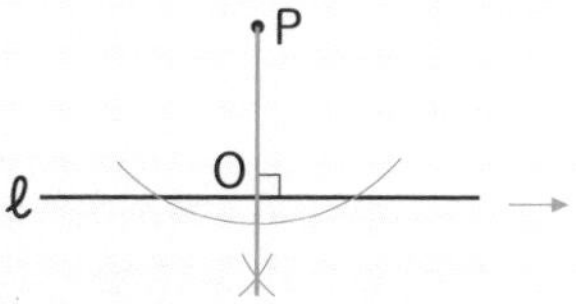

②∠POR=90°の二等分線 OQ をかきます。∠POQ も ∠QOR も 45°の角です。

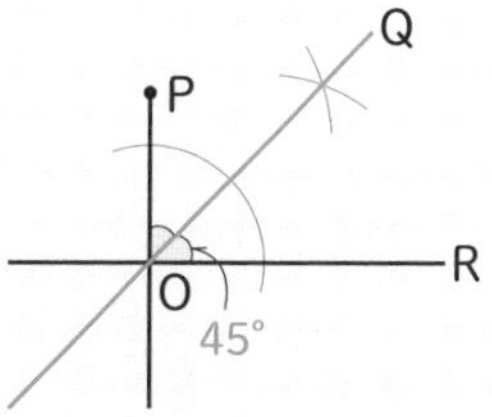

例題の答　**1** ①円　②P　③Q（②と③は順不同）　④等しい　⑤R　**2** ①円　②等しい　③S

35 第5章 平面図形
円とおうぎ形

まず ココ！ 要点を確かめよう

- 円周上の2点をA，Bとするとき，AからBまでの円周の部分を弧《こ》ABといい，$\overset{\frown}{AB}$と表します。
- 円周上の2点を結ぶ線分を弦《げん》といい，両端《りょうたん》がA，Bである弦を弦ABといいます。
- 弧の両端を通る2つの半径とその弧で囲まれた図形をおうぎ形《がた》といい，2つの半径がつくる角を中心角《ちゅうしんかく》といいます。

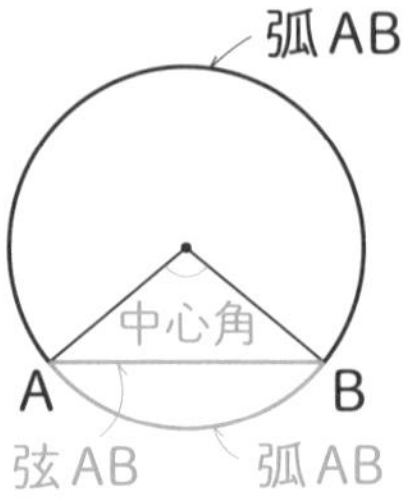

- 同じ円のおうぎ形の弧の長さや面積は，中心角の大きさに比例します。

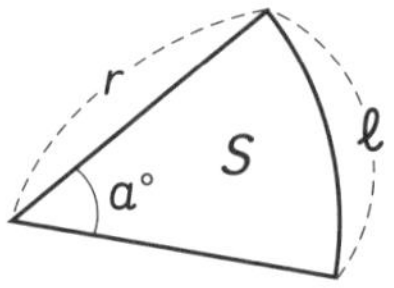

おうぎ形の弧の長さ $\ell = 2\pi r \times \frac{a}{360}$

おうぎ形の面積 $S = \pi r^2 \times \frac{a}{360}$

つぎ ココ！ 解き方を覚えよう

例題 1 半径が5 cm，中心角が72°のおうぎ形の弧の長さℓと面積Sを求めなさい。

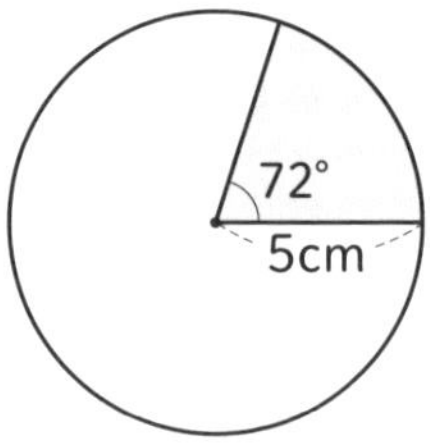

おうぎ形の弧の長さと面積の公式にあてはめます。

$\ell = 2 \times \pi \times \boxed{①} \times \frac{\boxed{②}}{360}$ ← 約分できる

$= \frac{2 \times \pi \times 5 \times 1}{5} = \boxed{③}$ (cm)

$S = \pi \times \boxed{④}^2 \times \frac{\boxed{⑤}}{360}$

$= \frac{\pi \times 5 \times 5 \times 1}{5} = \boxed{⑥}$ (cm²)

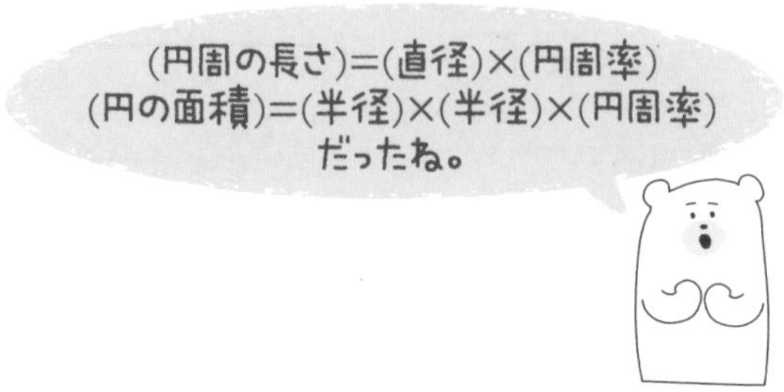

基本問題

解答⇒別冊 p.11

1 右の図で，×のついた 8 つの角はすべて等しい大きさです。次の□にあてはまることばや記号・数字を入れなさい。

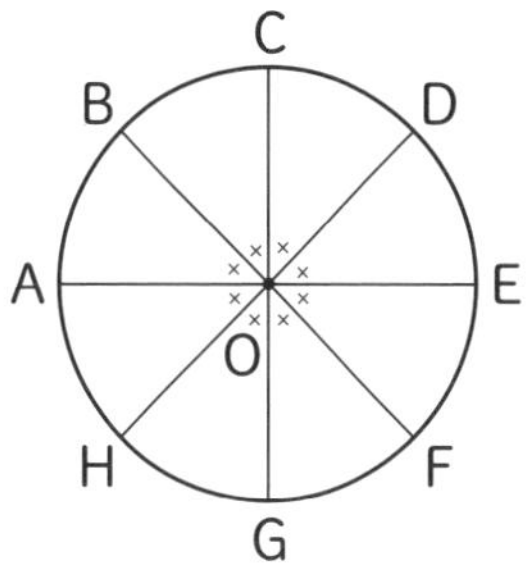

(1) おうぎ形 OAB を点 O を中心として，時計の針の回転と反対回りに 90° だけ回転させると，重なり合う図形は □ です。

(2) $\overset{\frown}{BF}$ の長さは $\overset{\frown}{AB}$ の長さの □ 倍です。これを式で表すと，$\overset{\frown}{BF}$ = □

(3) おうぎ形は，1 つの直線(対称《たいしょう》の軸《じく》)を折り目として折ったとき重なり合う □ な図形です。

2 次のおうぎ形の弧の長さと面積を求めなさい。

(1) 半径が 6 cm，中心角が 60°

(2) 直径が 8 cm，中心角が 225°

中心角を使わずに面積を求められる？

右の図のように，おうぎ形を細かく分けて並べかえます。さらに細かく分けていくと，どんどん長方形に近づいていくことがわかります。
このことから，おうぎ形の面積は
(弧の長さの半分)×(半径)
で求めることができます。

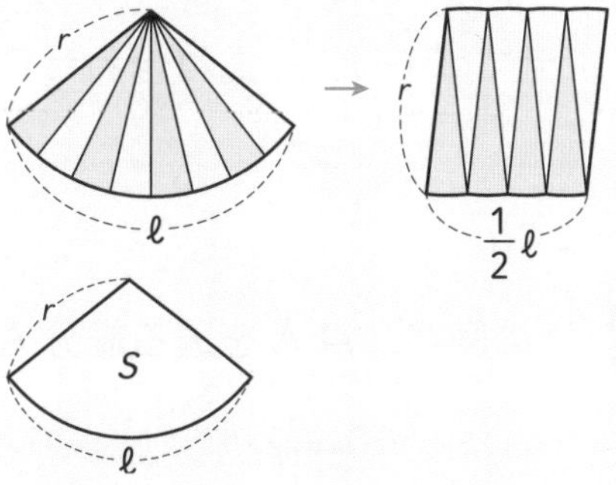

$$S=\frac{1}{2}\ell r$$

例題の答 1 ①5 ②72 ③$2\pi$ ④5 ⑤72 ⑥$5\pi$

確認テスト⑤

解答⇒別冊 p.11, 12

/ 100

1 次の関係を，記号を使って表しなさい。（8点×2＝16点）

できなければ，p.70 へ

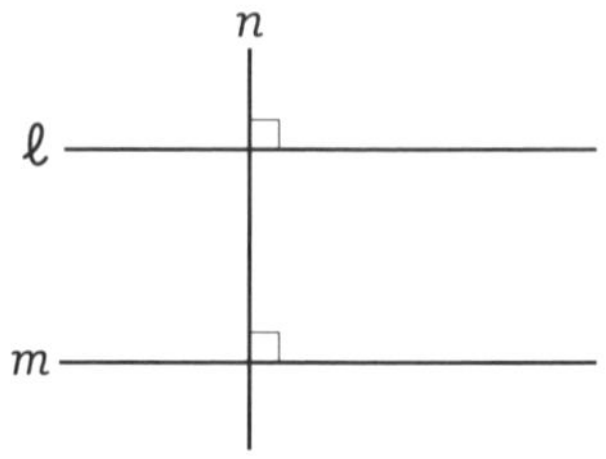

(1) 右の図の 2 つの直線 ℓ と n の関係

(2) 右の図の 2 つの直線 ℓ と m の関係

2 右の図は，合同な直角二等辺三角形をしきつめたものです。次の問いに答えなさい。（8点×3＝24点）

できなければ，p.72, 74 へ

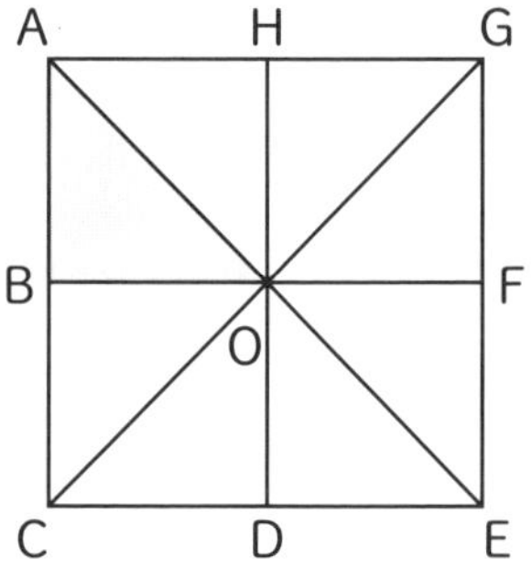

(1) △ABO を平行移動させて重ね合わせることができる三角形をいいなさい。

(2) △ABO を対称《たいしょう》移《い》動《どう》させて △CBO，△GFO に重ね合わせるときの対称の軸をそれぞれいいなさい。

(3) △ABO を点 O を回転の中心として，時計の針の回転と同じ向きに回転移動させて △GHO に重ね合わせるには，何度回転させればよいですか。

3 下の図で，点 A を通る線分 AB の垂線を作図しなさい。（15点）

できなければ，p.76 へ

得点UP アドバイス

- 用語の意味を正確に覚え，記号があるものはそれもあわせて覚えておこう。
- 作図では，どのような図形の性質が使われているのか確認しておこう。
- おうぎ形の弧の長さや面積の公式は，よく出題されるので確実に覚えておこう。

4 下の図の △ABC で，線分 BC の垂直二等分線と ∠B の二等分線との交点 P を作図しなさい。（15点）

できなければ，p.76, 78 へ

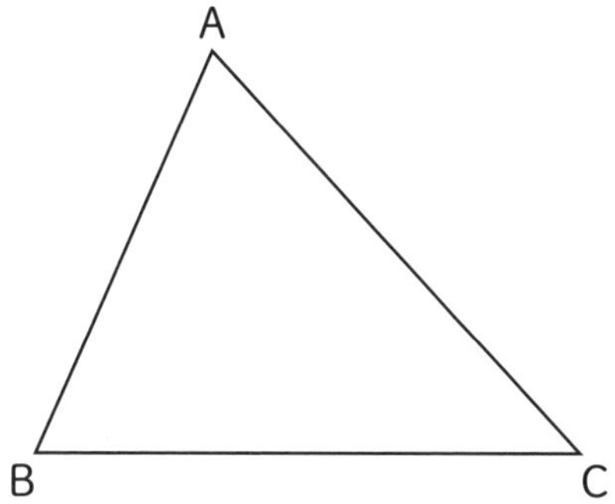

5 次のおうぎ形の弧の長さと面積を求めなさい。（15点×2＝30点）

できなければ，p.80 へ

(1)

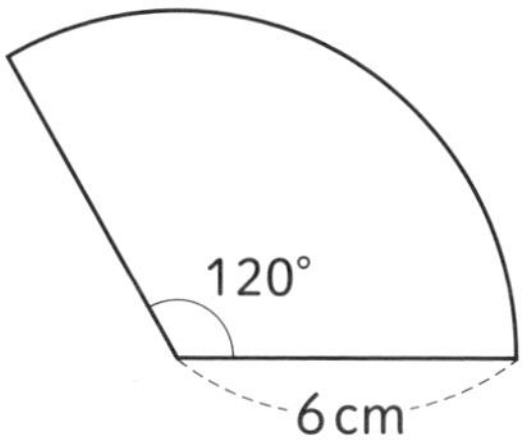

(2)

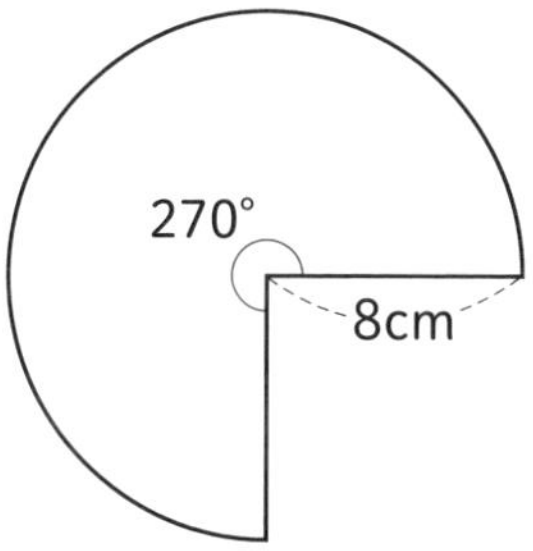

これで レベルアップ

右の図で，㋐と㋑と㋒の面積の和を求めてみましょう

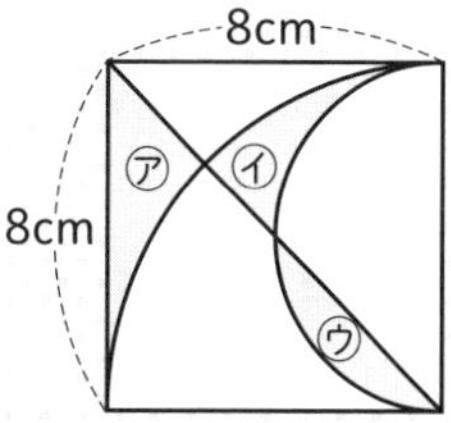

まず，色がついた部分と白い部分で合同な形をさがして，移せないか考えてみます。
㋐はすぐに見つけられるでしょう。次に，㋑と㋒はどうですか。
㋑はむずかしそうですが，㋒は対角線をもう 1 本ひくと，……
ホラッ！移せませんか？
解き方は，解答編にありますよ。

36 第6章 空間図形

いろいろな立体

まず ココ！ 要点を確かめよう

- 平面だけで囲まれた立体を**多面体**といいます。多面体は面の数によって，四面体，五面体，……といいます。図の㋐～㋓は多面体です。
- 右の多面体のうち，㋐，㋒のような立体を**角柱**といい，㋑，㋓のような立体を**角錐**《かくすい》といいます。底面の形によって，三角柱，四角錐などといいます。

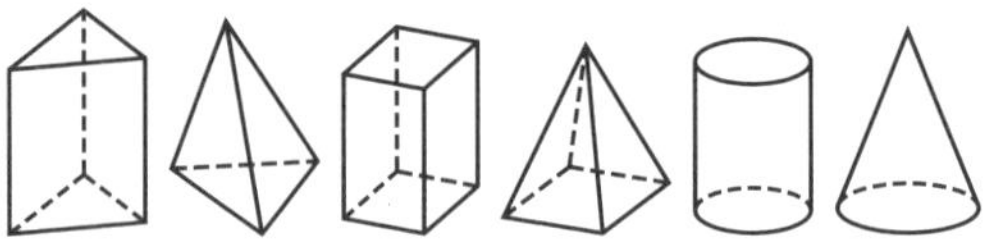

㋐　㋑　㋒　㋓　㋔　㋕

- ㋔は**円柱**，㋕は**円錐**で，底面が円である立体です。
- 多面体のうち，どの面もすべて合同な正多角形で，どの頂点にも面が同じ数だけ集まり，へこみのないものを**正多面体**といいます。正多面体は全部で**5種類**あります。

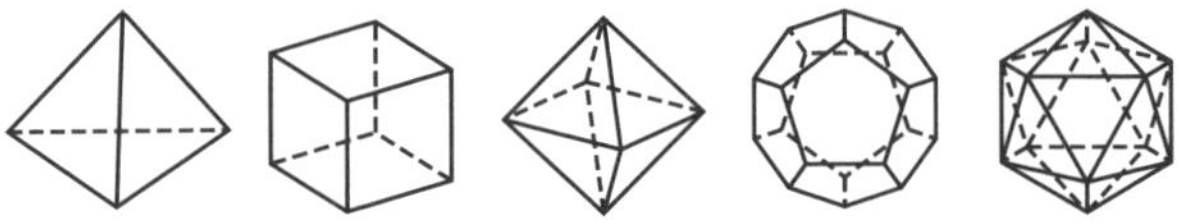

正四面体　正六面体（立方体）　正八面体　正十二面体　正二十面体

つぎ ココ！ 解き方を覚えよう

例題 1 右の図の正四角錐について，次の問いに答えなさい。

(1) 何面体ですか。
(2) 底面の形はどんな形ですか。
(3) 側面の形はどんな形ですか。また，側面はいくつありますか。
(4) 辺の数は何本ですか。

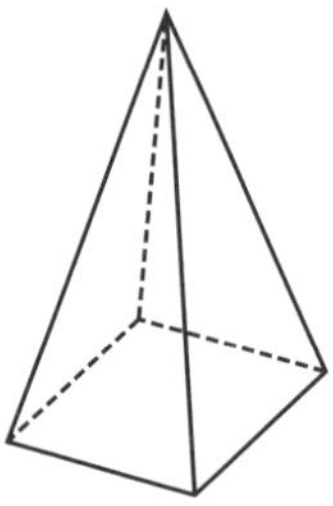

(1) 平面がいくつあるか数えればよいので，[①] 面体です。

(2) 正四角錐だから，底面の形は [②] です。

(3) 正四角錐だから，側面の形は [③] です。

数は底面の辺の数と同じ [④] つです。

(4) 辺の数は [⑤] 本です。

基本問題

解答⇒別冊 p.12

1 次の立体の名まえをいいなさい。

(1)

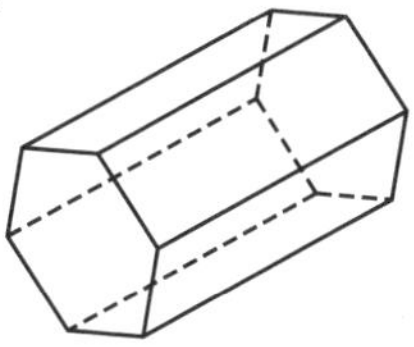

(2)

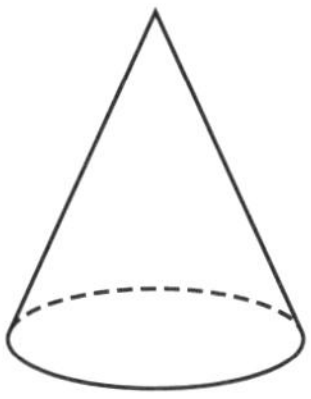

(3)

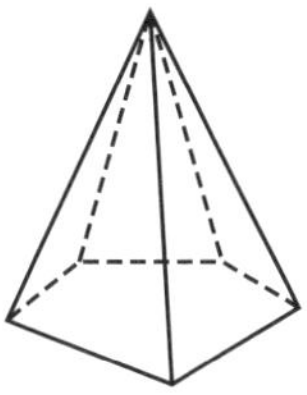

(4)

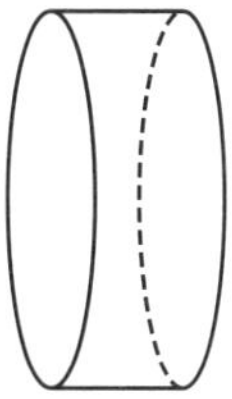

2 右の図は，ある正多面体の展開図です。この正多面体について，次の問いに答えなさい。

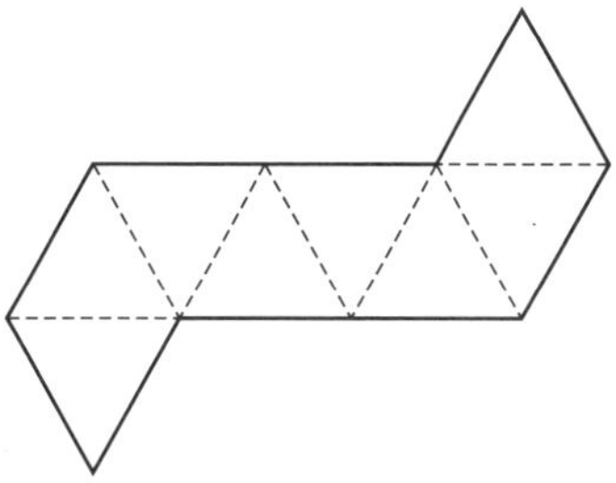

(1) この正多面体の名まえをいいなさい。

(2) 1つの頂点に集まっている面の数はいくつですか。

(3) 頂点の数はいくつですか。

(4) 辺の数は何本ですか。

正四面体をつくってみよう

右の図は，正四面体の展開図の一部です。残りの面をかき加えて，正四面体を完成させましょう。

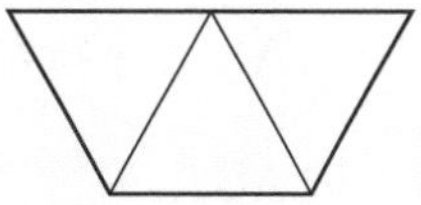

下の図のように，3通りの加え方があります。

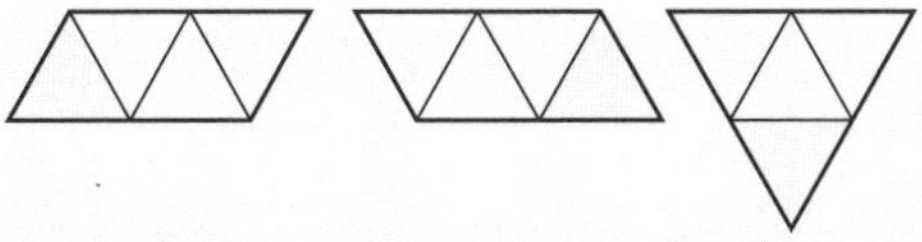

例題の答 **1** ①五　②正方形　③二等辺三角形　④4　⑤8

直線や平面の位置関係 ①

まず ココ！ 要点を確かめよう

- 空間内にある直線や平面について考えるとき，「直線はかぎりなくのびている」「平面はかぎりなく広がっている」と考えます。

- 空間内の 2 直線の位置関係には，次の 3 つの場合があります。

同じ平面上にある　　　　　　　　同じ平面上にない

㋐交わる　　　　㋑平行である　　　　㋒ねじれの位置にある

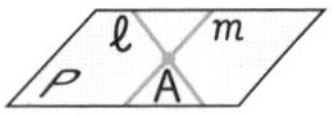

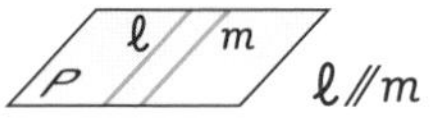

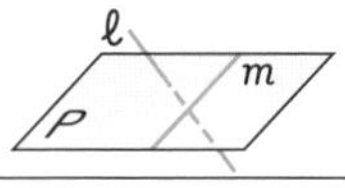

交わる　　　　　　　　交わらない

- 空間内の平面と直線の位置関係には，次の 3 つの場合があります。

㋐平面上にある　　　　㋑交わる　　　　㋒平行である

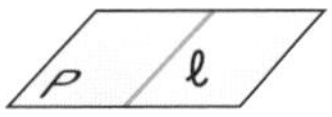

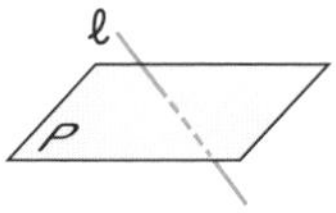

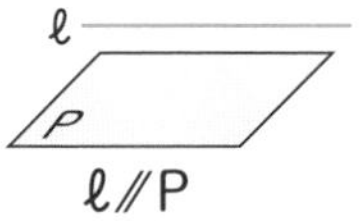

つぎ ココ！ 解き方を覚えよう

例題 1 右の図の直方体について，次の問いに答えなさい。

(1) 辺 AB と平行な辺はどれですか。

(2) 辺 AB とねじれの位置にある辺はどれですか。

(3) 辺 AB と平行な面はどれですか。

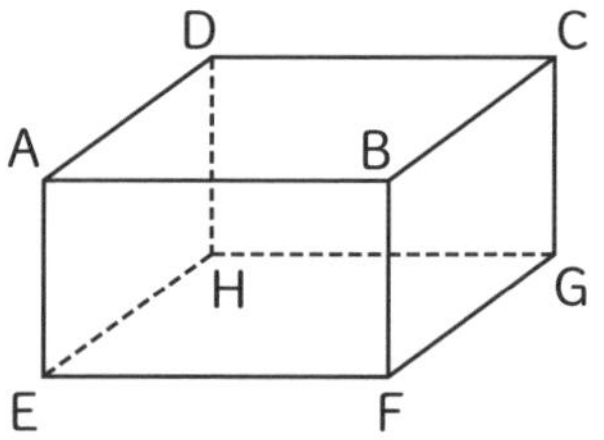

(1) 辺 AB と平行な辺は，辺 DC，辺［①　　］，辺［②　　］　←3 つ

(2) 辺 AB と平行でもなく，交わらない辺がねじれの位置にある辺だから，(1)で求めた辺と辺 AB と交わる辺以外の辺をさがします。

辺 DH，辺［③　　］，辺 EH，辺［④　　］　←4 つ

(3) 辺 AB をふくむ 2 つの面 ABCD，面 AEFB にそれぞれ平行な面をさがします。

面［⑤　　］，面［⑥　　］　←2 つ

基本問題

解答⇒別冊 p.12

1 右の図の直方体について，次の問いに答えなさい。

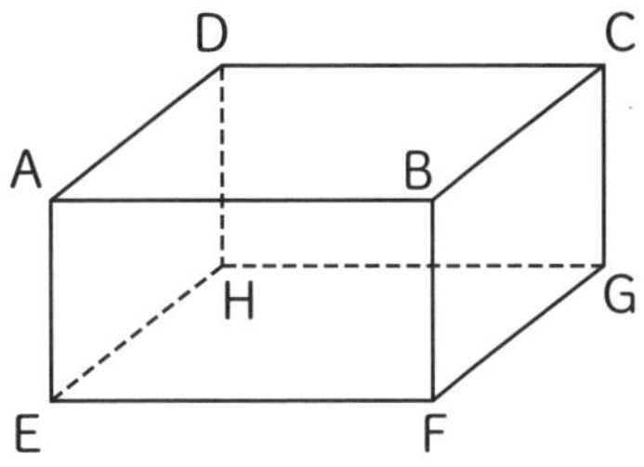

(1) 辺 AE と平行な辺をいいなさい。

(2) 面 ABCD と平行な辺をいいなさい。

(3) 辺 BC とねじれの位置にある辺をいいなさい。

(4) 辺 BC と平行な面をいいなさい。

2 右の図の三角柱について，次の位置関係をいいなさい。

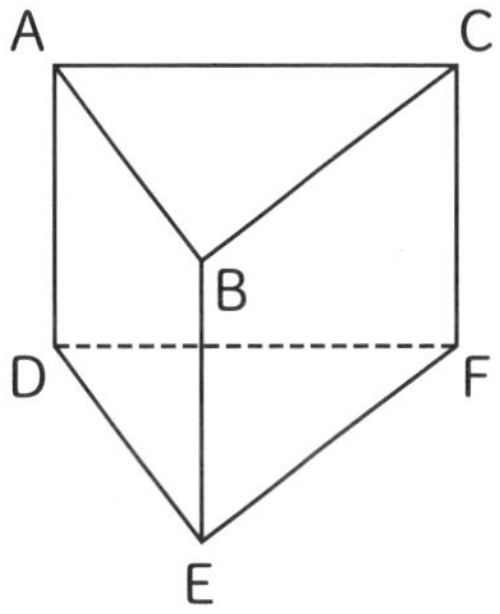

(1) 辺 AC と辺 AD

(2) 面 ABC と辺 DE

「かぎりなくのびている」とは？

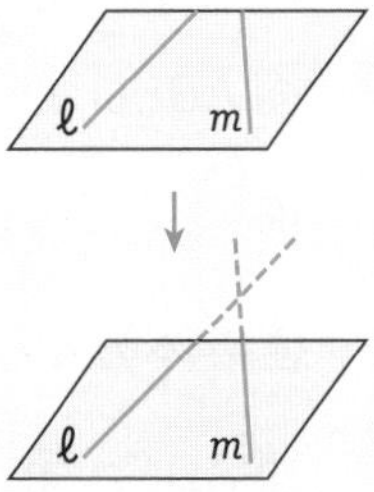

「直線はかぎりなくのびている」と考える，と要点で説明しましたが，これはどういうことでしょう。
たとえば，右上の図の平面上の直線 ℓ，m は，平行でもないし，交わってもいません。では，「ねじれの位置」？
いいえ，右下の図のように 2 直線をかぎりなくのばしていくと……，交わりますね。平面でも同じことがいえます。
空間図形では，このような考え方が大切です。

例題の答 1 ①EF ②HG ③CG ④FG ⑤EFGH ⑥DHGC（①と②，③と④，⑤と⑥は順不同）

38 第6章 空間図形
直線や平面の位置関係 ②

まず ココ！ 要点を確かめよう

➡ 2つの平面の位置関係には，次の2つの場合があります。

㋐交わる

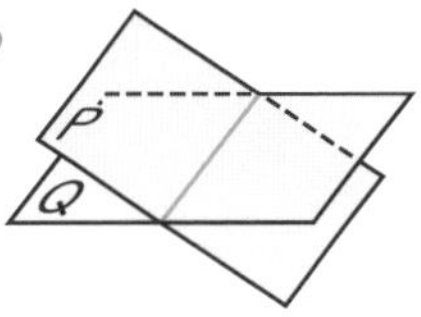

㋑平行

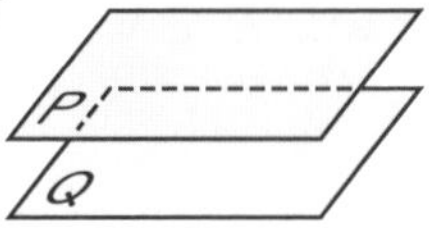

P∥Q

➡ 2つの平面P，Qのつくる角が直角のとき，2つの平面は**垂直**であるといい，**P⊥Q**と表します。

➡ 1つの点Aから平面Pにひいた垂線と，Pとの交点をHとするとき，線分AHの長さを**点Aと平面Pとの距《きょ》離《り》**といいます。

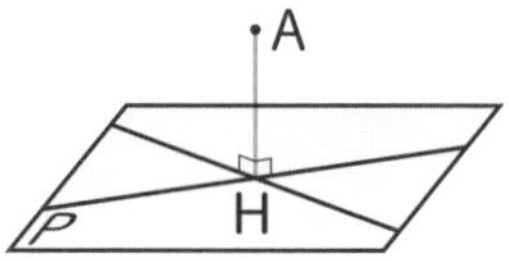

つぎ ココ！ 解き方を覚えよう

例題 1 右の図の立体は，直方体を2つに分けてできた三角柱です。次の問いに答えなさい。

(1) 面ABCと平行な面はどれですか。
(2) 面ABEDと垂直な面はどれですか。
(3) 面BCFEと垂直な面はどれですか。
(4) 点Eと面ACFDとの距離を求めなさい。

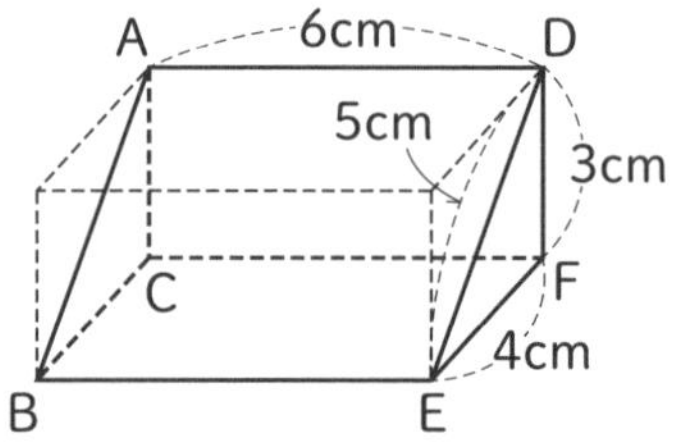

(1) 直方体の向かい合う面は平行だから，

面 ①［　　　］ ←1つ

(2) 面ABEDと90°で交わる平面だから，

面 ②［　　　］，面 ③［　　　］ ←2つ

(3) 直方体のとなり合う面は垂直だから，

面ABC，面 ④［　　　］，面 ⑤［　　　］ ←3つ

(4) 点Eと面ACFDとの距離は，線分 ⑥［　　　］ の長さだから，⑦［　　　］ cm

基本問題

解答⇒別冊 p.12

1 右の図の立体は，底面が直角二等辺三角形である三角柱です。次の問いに答えなさい。

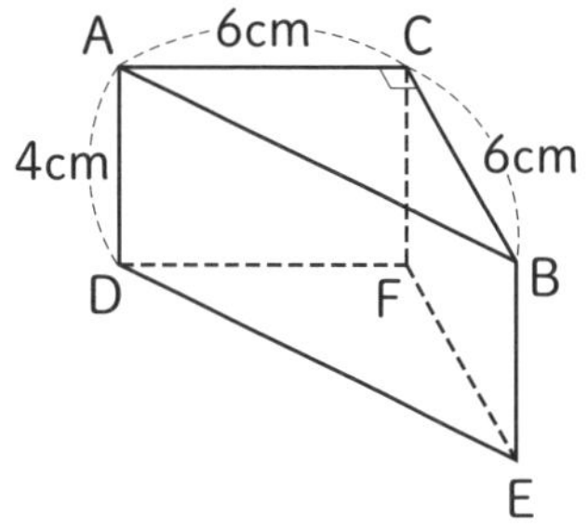

(1) 面 ADEB と垂直な面はどれですか。

(2) 面 ADFC と垂直な面はどれですか。

(3) 平行な面は，どの面とどの面ですか。

(4) 面 ADEB と面 ADFC のつくる角は何度ですか。

(5) この三角柱の高さは何 cm ですか。

直方体で考えよう

2 つの直線を ℓ，m，3 つの平面を P，Q，R とするとき，次の㋐，㋑のことがらがいつも正しいか，直方体で確かめてみましょう。

㋐ $P /\!/ Q$, $R \perp Q$ ならば, $P \perp R$ である。

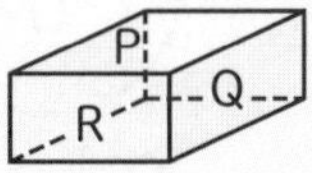

R の場所がちがっても，$R \perp Q$ であれば，$P \perp R$ なので，いつも正しい。

㋑ $\ell /\!/ P$, $m /\!/ P$ ならば, $\ell /\!/ m$ である。

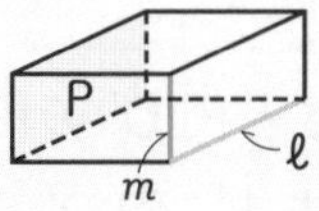

左の図のように，$\ell /\!/ m$ ではなく $\ell \perp m$ となるときもあるので，いつも正しいとはかぎらない。

例題の答 1 ①DEF ②ABC ③DEF ④DEF ⑤ACFD（②と③，④と⑤は順不同） ⑥EF ⑦4

39 第6章 空間図形
立体の展開図・投影図

まず ココ！ 要点を確かめよう

- 立体を切り開いて，平面上に広げた図を**展開《てんかい》図《ず》**といいます。
- 円柱の展開図は，底面になる2つの**円**と側面になる**長方形**からできています。
- 円錐《えんすい》の展開図は，側面になる**おうぎ形**と底面になる**円**からできています。
- 立体をある方向から見て平面に表した図を**投影《とうえい》図《ず》**といい，真上から見た図を**平面《へいめん》図《ず》**，正面から見た図を**立面《りつめん》図《ず》**といいます。

つぎ ココ！ 解き方を覚えよう

例題 1 次の展開図を組み立ててできる立体の名まえをいいなさい。また，□の部分の長さを求めなさい。

(1)

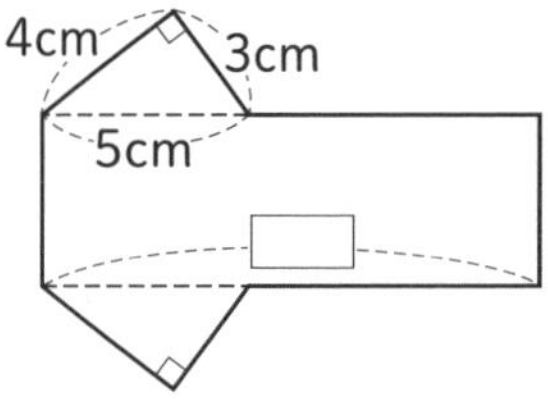

(2)

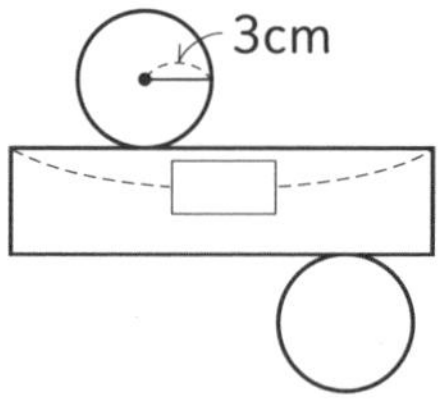

(1) できる立体は ①＿＿ です。側面の長方形の横の長さは底面の周の長さに等しいから，②＿＿＋4＋③＿＿＝④＿＿(cm)

(2) できる立体は ⑤＿＿ です。側面の長方形の横の長さは底面の周の長さに等しいから，底面の円の円周を求めます。$2\times\pi\times$⑥＿＿＝⑦＿＿(cm)

例題 2 右の図は，円錐とその展開図です。展開図の側面の $\overset{\frown}{AB}$ の長さを求めなさい。

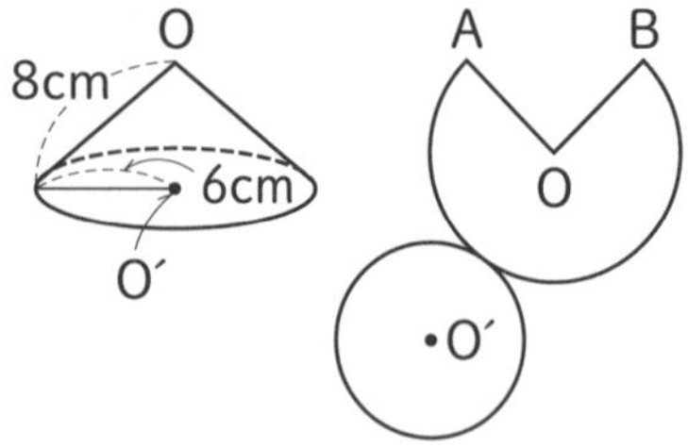

展開図の側面の $\overset{\frown}{AB}$ の長さと円 O′ の円周は等しいから，円 O′ の円周を求めます。円 O′ の半径は ①＿＿ cm だから，$2\times\pi\times$①＿＿＝②＿＿(cm)

よって，$\overset{\frown}{AB}$ の長さは，②＿＿ cm

基本問題

解答⇒別冊 p.13

1 次の投影図で表される立体の名まえをいいなさい。

(1)

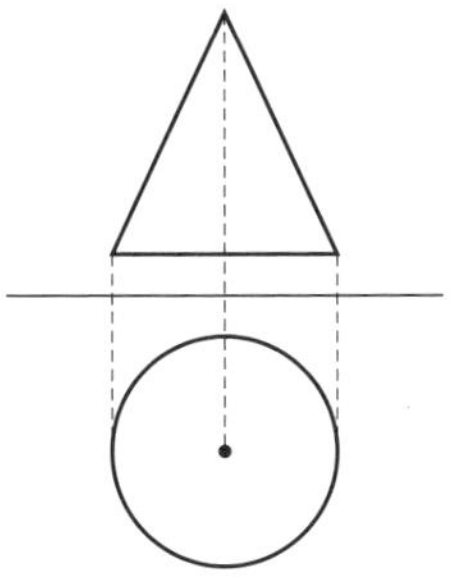

(2)

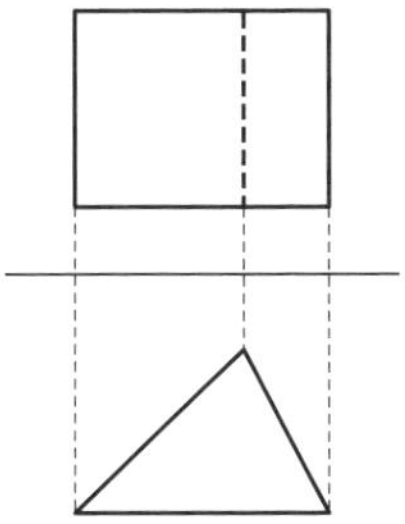

(3)

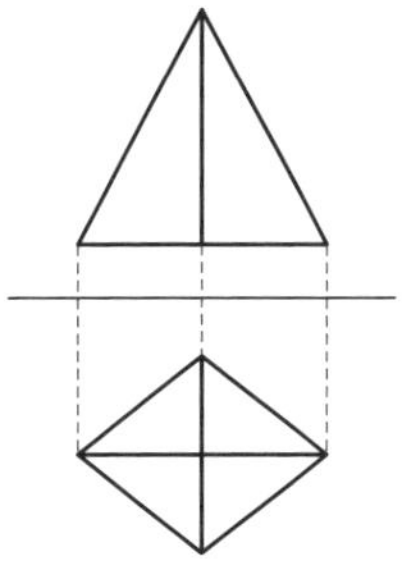

2 右の図の円錐の展開図について，次の問いに答えなさい。

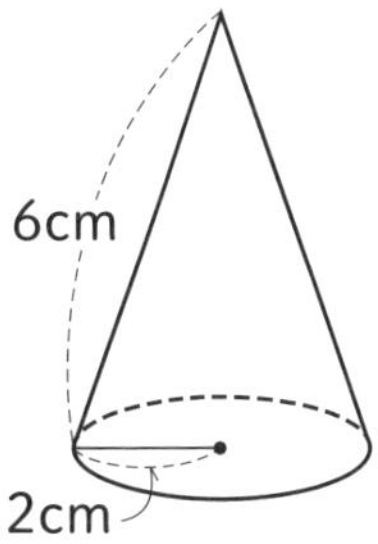

(1) 側面になるおうぎ形の半径と弧《こ》の長さを求めなさい。

(2) 側面になるおうぎ形の中心角を求めなさい。

展開図からわかること

右の図の直方体で，頂点Aから辺BC上の点Pを通って頂点Gまでひもをかけるとき，最も短くするにはどのようにひもをかければよいでしょうか。

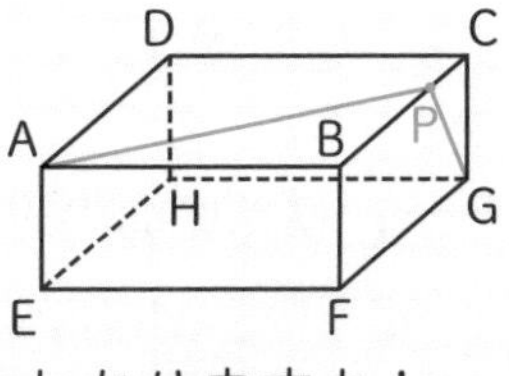

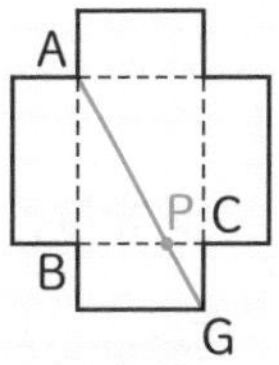

こういうときは，展開図をかいてみるとよくわかりますよ！
ひもの長さが最も短くなるのは，展開図でAPGが一直線になるときです。

例題の答 **1** ①三角柱 ②5 ③3（②と③は順不同） ④12 ⑤円柱 ⑥3 ⑦6π **2** ①6 ②12π

40 第６章 空間図形
角柱・円柱の表面積

まず ココ！ 要点を確かめよう

- 立体のすべての面の面積の和を**表面積**といいます。
- 側面全体の面積を**側面積**，１つの底面の面積を**底面積**といいます。
- 角柱や円柱の表面積は **(底面積)×２+(側面積)** で求めることができます。

つぎ ココ！ 解き方を覚えよう

例題 1 次の立体の展開図から，底面積，側面積，表面積を求めなさい。

(1) 三角柱

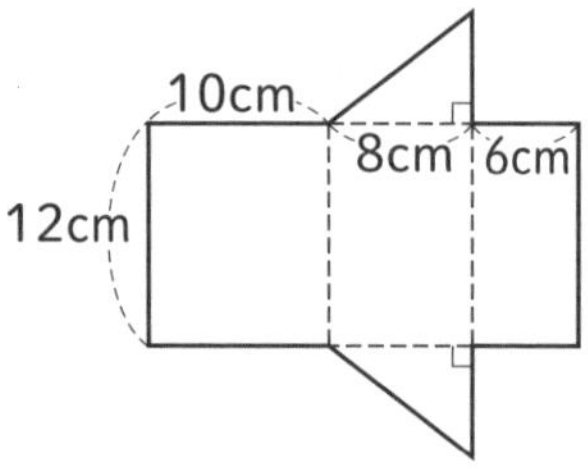

(2) 円柱

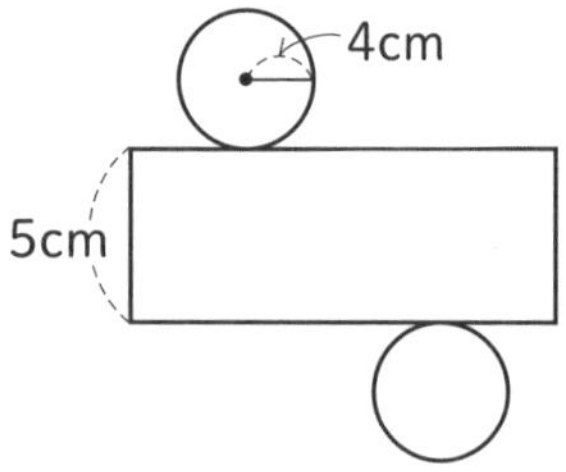

(1) 底面は直角三角形だから，

底面積は，$\frac{1}{2}\times$ ①□ $\times 6=$ ②□ (cm^2)

側面は，縦 12 cm，横 (10+8+6) cm の長方形だから，

側面積は，12× ③□ = ④□ (cm^2)

よって，表面積は，

(底面積)×２+(側面積)= ②□ ×２+ ④□ = ⑤□ (cm^2)

(2) 底面は円だから，底面積は，$\pi\times$ ⑥□^{2} = ⑦□ (cm^2)

側面は，縦 5 cm，横は底面の円周に等しい (2×π× ⑧□)cm の長方形だから，

側面積は，5× ⑨□ = ⑩□ (cm^2)

よって，表面積は，

(底面積)×２+(側面積)= ⑦□ ×２+ ⑩□ = ⑪□ (cm^2)

基本問題

解答⇒別冊 p.13

1 次の立体の底面積，側面積，表面積を求めなさい。

(1)

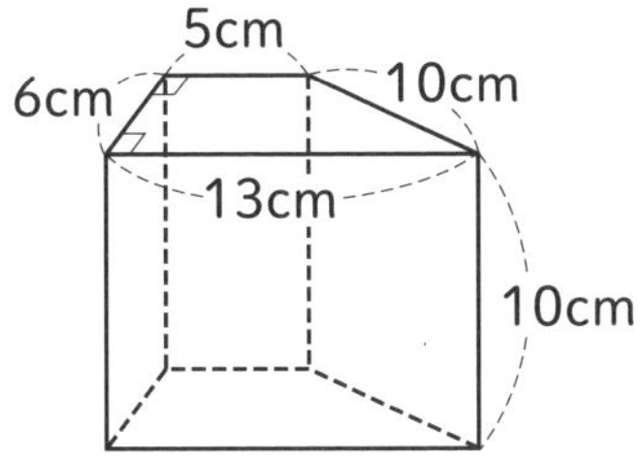

(2)

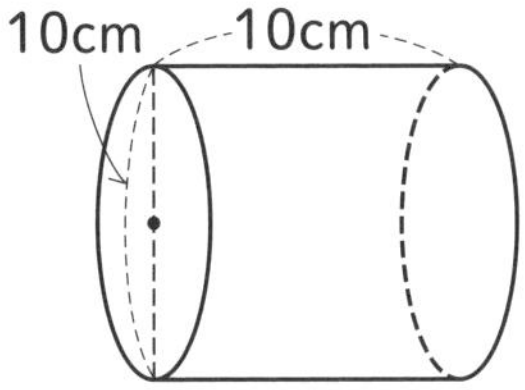

底面は上と下とはかぎらない？

右の図の立体㋐，㋑は，どちらも三角柱です。
そして，底面は，色のついた部分です。㋐では，底面が立体の上と下にありますが，㋑はちがいますね。立体の置き方によって，底面の位置は異なることに注意しましょう。
角柱や円柱の場合，底面は２つの合同な多角形や円で，平行に向き合っていることも忘れないように！

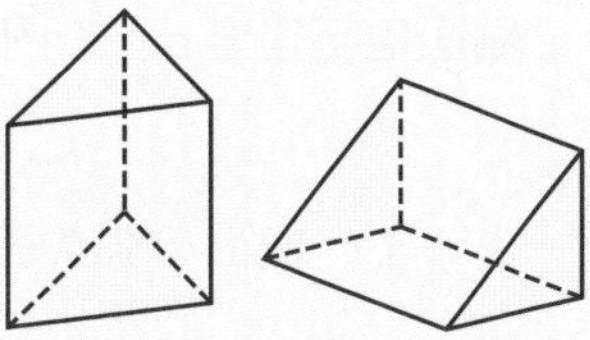

㋐　　㋑

例題の答 1 ①8 ②24 ③24 ④288 ⑤336 ⑥4 ⑦16π ⑧4 ⑨8π ⑩40π ⑪72π

41 第6章 空間図形
角錐・円錐の表面積

まず ココ！ 要点を確かめよう

➡ 角錐《かくすい》や円錐の表面積は（底面積）+（側面積）で求めることができます。

つぎ ココ！ 解き方を覚えよう

例題 1 次の立体の展開図から，底面積，側面積，表面積を求めなさい。

⑴ 正四角錐

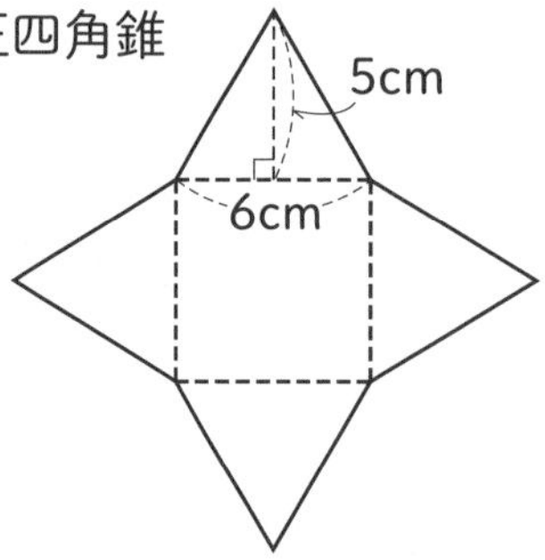

⑵ 円錐

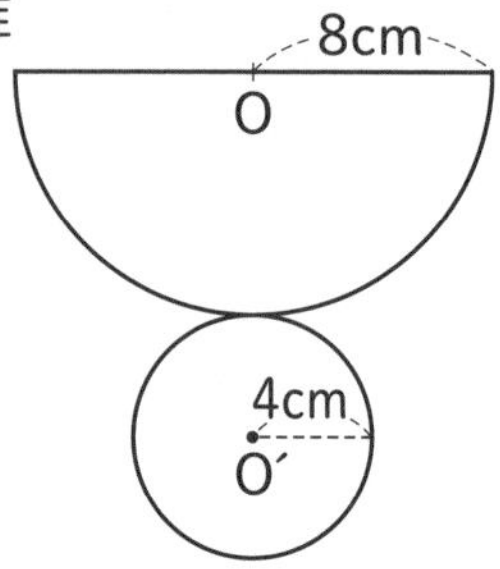

⑴ 底面は正方形だから，底面積は，［①］×［①］=［②］(cm^2)

側面は底辺 6 cm，高さ 5 cm の合同な二等辺三角形 4 つ分だから，側面積は，

$\frac{1}{2}$×［③］×5×4=［④］(cm^2)

よって，表面積は，(底面積)+(側面積)=［②］+［④］=［⑤］(cm^2)

⑵ 底面は円だから，底面積は，π×［⑥］^{2}=［⑦］(cm^2)

側面の弧《こ》の長さは，底面の円周に等しいから，$2\times\pi\times4=8\pi$(cm)

側面は半径 8 cm の円の一部だから，円 O の円周は，$2\times\pi\times8=16\pi$(cm)

よって，側面の弧の長さは，円 O の円周の $\frac{［⑧］}{［⑨］}=\frac{1}{2}$

側面積も円 O の面積の $\frac{1}{2}$ になるから，面積は $\pi\times8^2\times\frac{1}{2}$=［⑩］$(\text{cm}^2)$

よって，表面積は，(底面積)+(側面積)=［⑦］+［⑩］=［⑪］(cm^2)

基本問題

解答⇒別冊 p.13

1 右の図のような角錐の表面積を求めなさい。

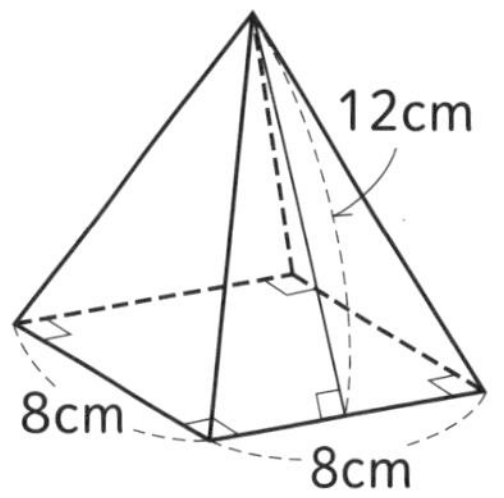

2 右の図の円錐について，次の問いに答えなさい。

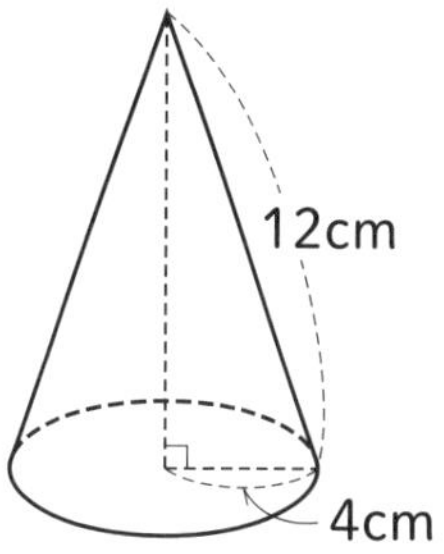

(1) 側面になるおうぎ形の中心角を求めなさい。

(2) 側面積を求めなさい。

(3) 表面積を求めなさい。

もう一歩

円錐の側面積を求める裏技！

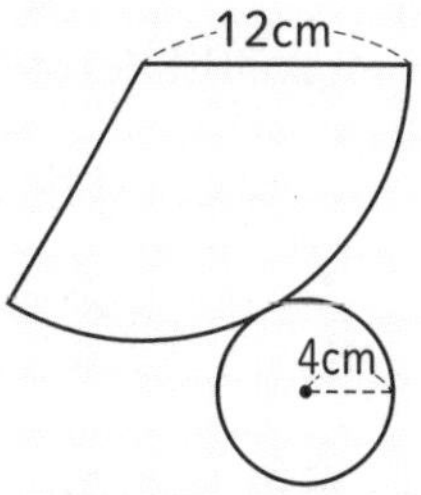

おうぎ形の面積は，$\frac{1}{2}\times$(弧の長さ)$\times$(半径) で求められることを81ページで学習しました。この公式を使って，基本問題 **2** の側面積を求めてみましょう。
側面の弧の長さは，底面の円周の長さと同じだから，
$(2\pi\times4)$cm です。
ここで，公式を使うと，側面積は，
$\frac{1}{2}\times(2\pi\times4)\times12=\pi\times4\times12$(cm^2) となります。
つまり，π と底面の円の半径と側面の半径をかけるだけで，円錐の側面積を求めることができるのです！

例題の答 1 ①6 ②36 ③6 ④60 ⑤96 ⑥4 ⑦16π ⑧8π ⑨16π ⑩32π ⑪48π

42 第6章 空間図形

立体の体積

まず ココ！ 要点を確かめよう

- 角柱や円柱の体積は（底面積）×（高さ）で求めることができます。
  - ㋐ 角柱の底面積を S，高さを h とすると，体積は Sh です。
  - ㋑ 円柱の底面の半径を r，高さを h とすると，体積は $\pi r^2 h$ です。
- 角錐《かくすい》や円錐の体積は，底面積が等しく高さも等しければ，角柱や円柱の体積の $\frac{1}{3}$ です。

  角錐や円錐の底面積を S，高さを h とすると，体積は $\frac{1}{3}Sh$ です。

つぎ ココ！ 解き方を覚えよう

例題 1 次の立体の体積を求めなさい。

(1)

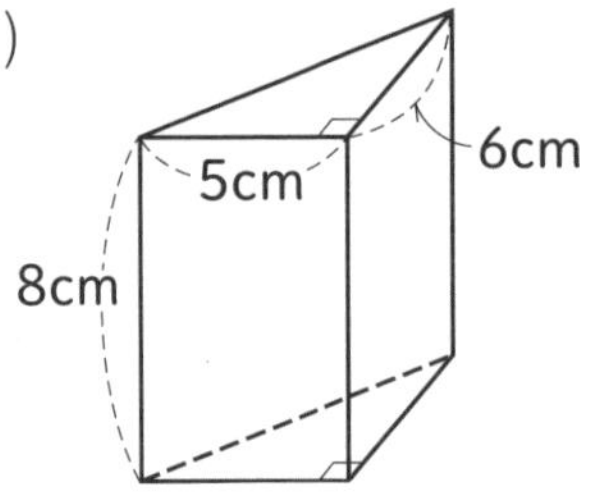

(2)

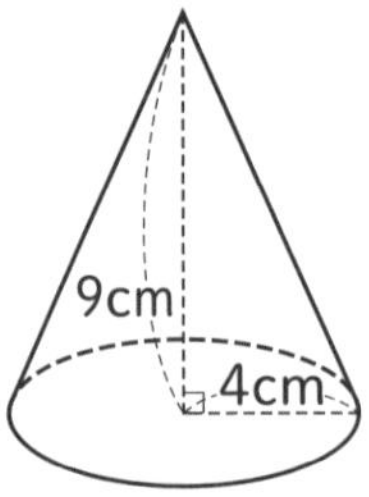

(1) 三角柱の体積は（底面積）×（高さ）だから，

(底面積)=(三角形の面積)= $\frac{1}{2}$ ×5× [①] = [②] (cm^2)

よって，体積は，

[②] × [③] = [④] (cm^3)

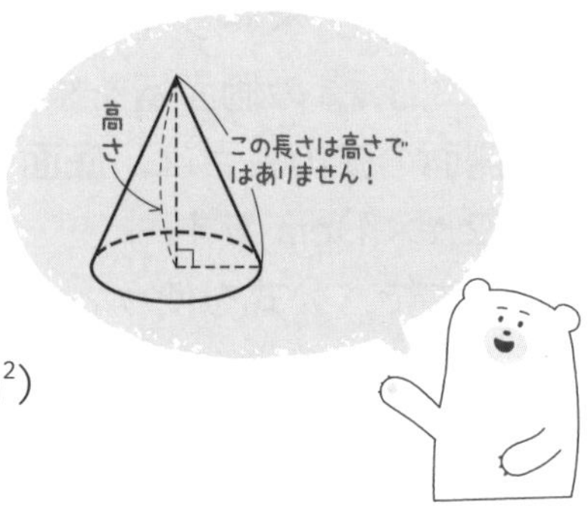

(2) 円錐の体積は $\frac{1}{3}$ ×（底面積）×（高さ）だから，

(底面積)=(円の面積)= π × [⑤]^2 = [⑥] (cm^2)

よって，体積は，

$\frac{1}{3}$ × [⑥] × [⑦] = [⑧] (cm^3)

基本問題

解答⇒別冊 p.13

1 次の立体の体積を求めなさい。

(1)

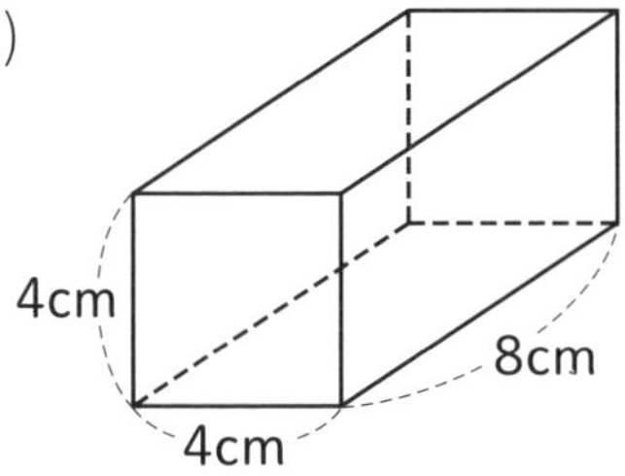

(2)

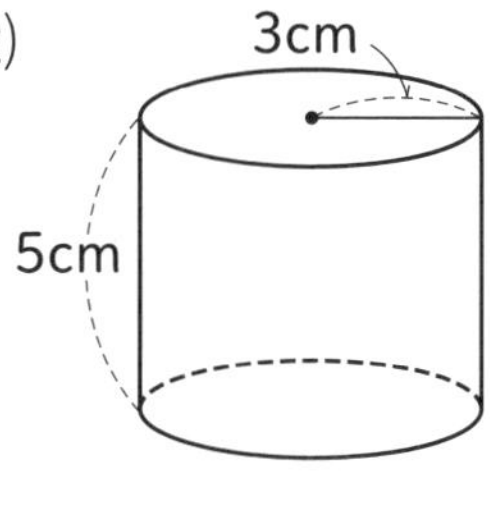

(3)

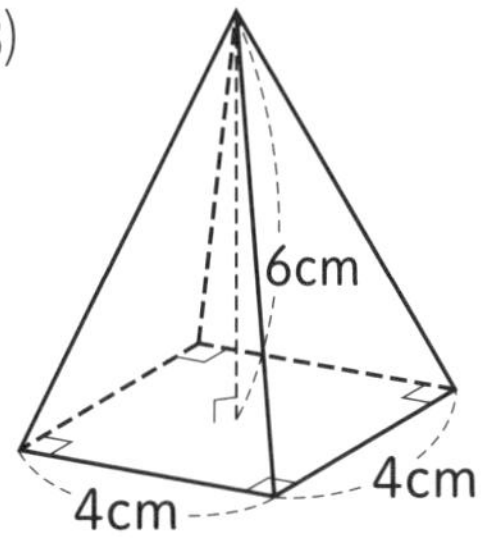

(4)

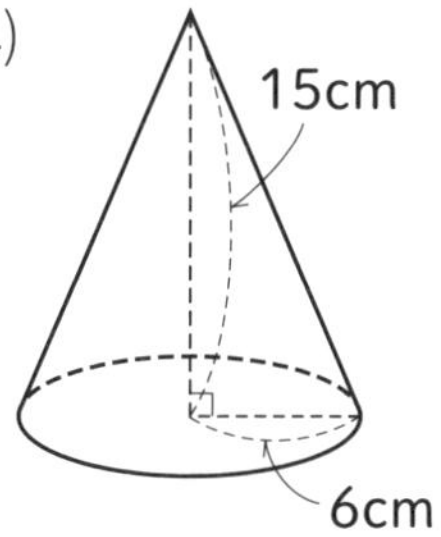

もう一歩

面が動くと，立体ができる

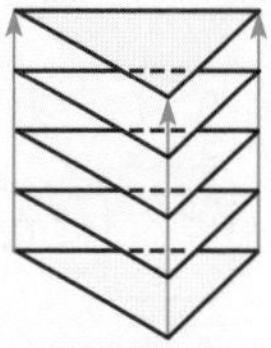

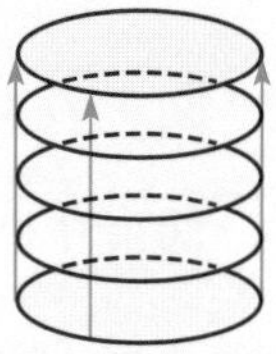

三角形や円を，その面と垂直な方向に平行に動かすと，どんな立体ができるでしょうか。
右の図のように，三角形を動かすと三角柱に，円を動かすと円柱になります。角柱や円柱は，底面がそれと垂直な方向に動いてできた立体とみることができます。
そう考えると，角柱や円柱の体積を求める公式が（底面積)×(高さ）であることも，納得《なっとく》できますね。

例題の答 1 ①6 ②15 ③8 ④120 ⑤4 ⑥16π ⑦9 ⑧48π

43 第６章 空間図形
回転体，球の体積と表面積

まずココ！ 要点を確かめよう

➡ 円柱や円錐《えんすい》のように，１つの直線を軸《じく》として，平面図形を１回転させてできる立体を**回転体**といいます。このとき，円柱や円錐の側面をえがく線分を**母線**《ぼせん》といいます。

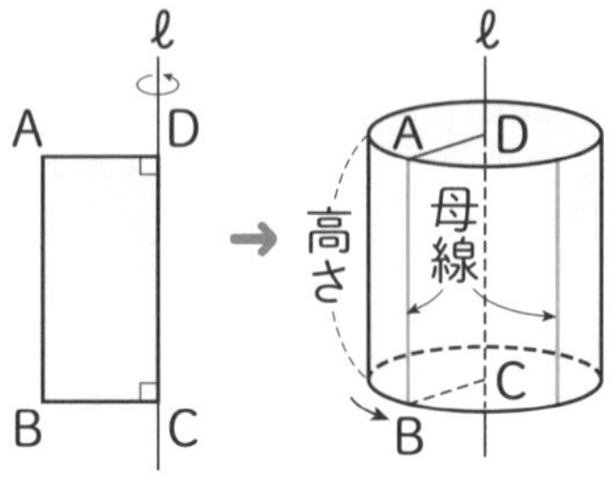

➡ 球は，半円をその直径を軸として回転させた回転体です。

➡ 半径 r の球の体積は $\frac{4}{3}\pi r^3$，表面積は $4\pi r^2$ と表されます。

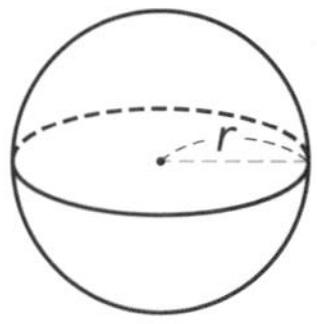

つぎココ！ 解き方を覚えよう

例題 1 右の図の直角三角形を直線 ℓ を軸として１回転させてできる立体について，次の問いに答えなさい。

(1) どんな立体ができますか。

(2) この立体を回転の軸に垂直な平面で切ると，その切り口はどんな図形になりますか。

(3) この立体を回転の軸をふくむ平面で切ると，その切り口はどんな図形になりますか。

(1) できる立体は [①　　　] です。

(2) 図１のようになり，切り口は底面と同じ形で，底面より小さい [②　　] になります。

(3) 図２のようになり，切り口は２本の [③　　　] と底面の円の直径に囲まれた [④　　　　　] になります。

（図１）

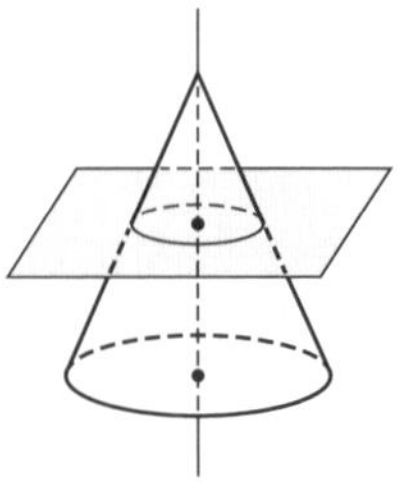

（図２）

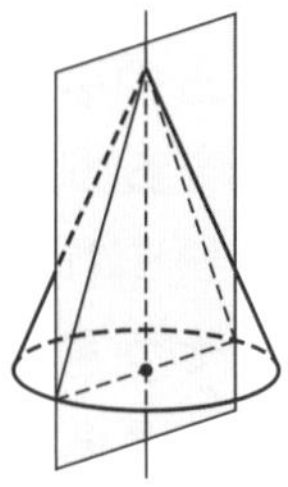

基本問題

解答⇒別冊 p.14

1 次の図形を，直線 ℓ を軸として 1 回転させてできる立体の見取図をかきなさい。

(1)

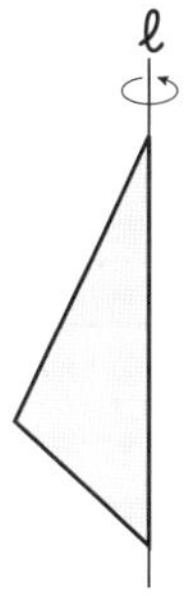

(2)

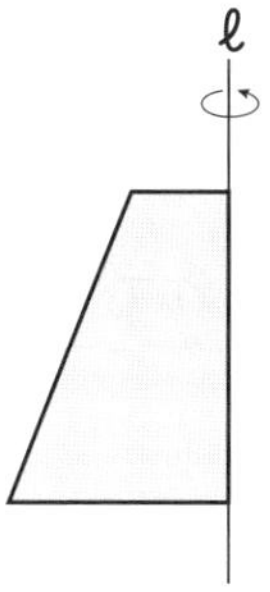

2 次の立体の体積と表面積を求めなさい。

(1)

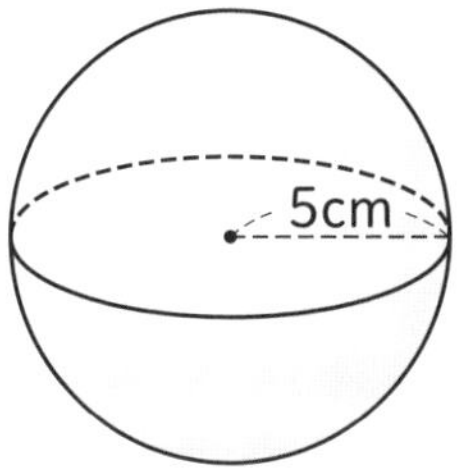

(2)

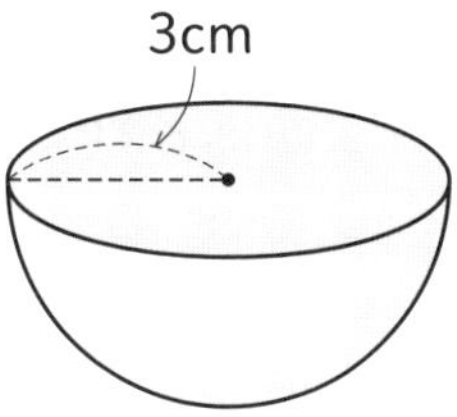

もう一歩

回転体の見取図，正しいのはどれ？

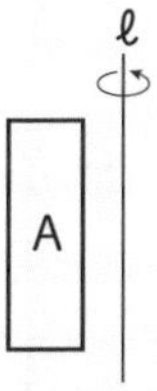

左の長方形 A を，直線 ℓ を軸として 1 回転させてできる立体の見取図として，正しいものは右の**ア**～**ウ**のどれですか。うっかり，**ア**としそうですが，正解は**ウ**です。

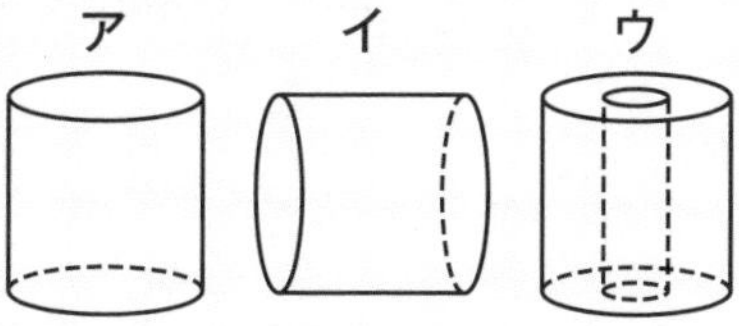

直線 ℓ と図形の間に図のようなすきまがあると，円柱から円柱をくりぬいた立体になります。

例題の答 **1** ①円錐　②円　③母線　④二等辺三角形

確認テスト ⑥

目標得点：80点

/ 100

解答⇒別冊 p.14

1 右の図のような直方体から三角柱を切り取った立体について，次の問いに答えなさい。(8点×4＝32点)

できなければ，p.86, 88 へ

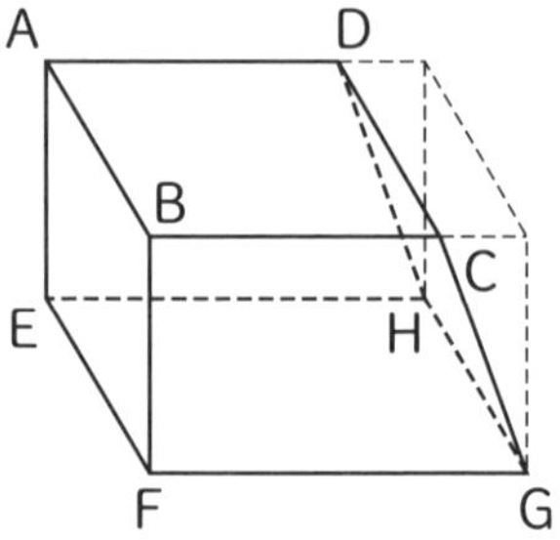

⑴ 辺 BC と平行な辺はどれですか。

⑵ 辺 BC と垂直な面はどれですか。

⑶ 面 BCGF と平行な面はどれですか。

⑷ 辺 AD とねじれの位置にある辺はどれですか。

2 右の図は，ある立体の展開図です。次の問いに答えなさい。(8点×2＝16点)

できなければ，p.90, 94 へ

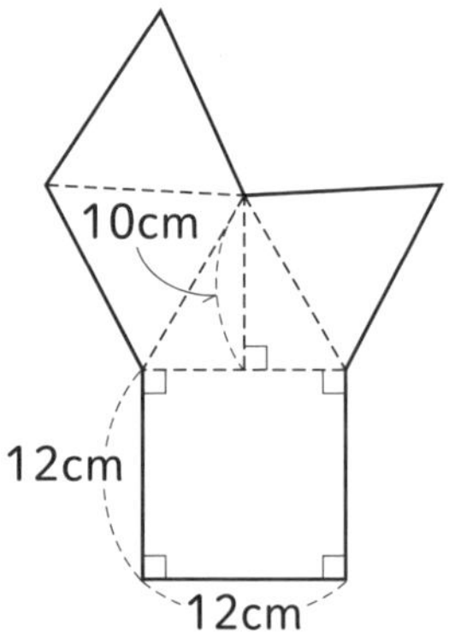

⑴ 何という立体の展開図ですか。

⑵ 表面積を求めなさい。

得点UP アドバイス

- ◎ 2 直線，直線と平面，2 つの平面の位置関係をしっかりと理解しよう。
- ◎ 立体の表面積を求めるときは，いつも展開図を考えるようにしよう。
- ◎ 立体の体積を求める公式をしっかり覚えよう。

3 次の立体の体積を求めなさい。（8点×2＝16点）

できなければ，p.96, 98 へ

(1) 底面の半径が 5 cm，高さが 3 cm の円柱

(2) 半径 9 cm の球

4 右の図の直角三角形 ABC を辺 AC を軸《じく》として 1 回転してできる立体について，次の問いに答えなさい。（12点×3＝36点）

できなければ，p.94, 96, 98 へ

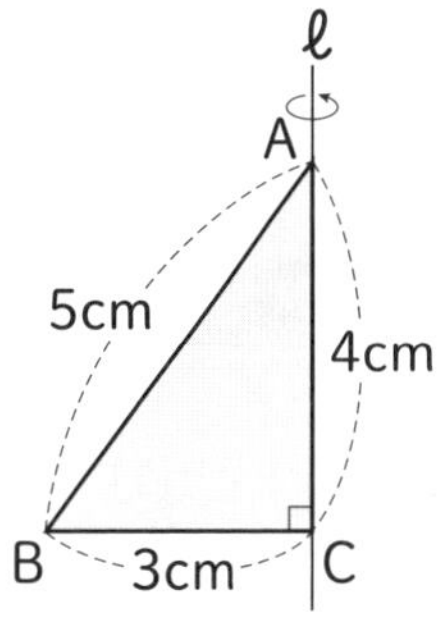

(1) 見取図をかきなさい。

(2) 表面積を求めなさい。

(3) 体積を求めなさい。

これで レベルアップ

右の図のように，底面の半径が 4 cm の円錐《えんすい》を，頂点 O を中心として平面上で転がしたところ，円 O の上を 1 周してもとの場所にかえるまでに，ちょうど 3 回転しました。この円錐の母線の長さを求めてみましょう。

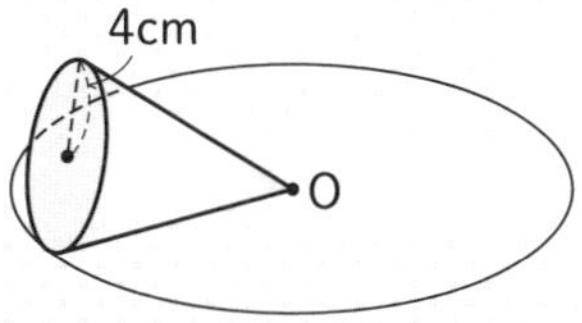

母線の長さは，円 O の半径と等しいから，円 O の円周の長さを求めます。
円周は，半径 4 cm の円で 3 回転したので，$2\times\pi\times4\times3=24\pi$(cm)
円 O の円周は 24π cm だから，半径は $24\pi\div2\pi=12$(cm)
よって，母線の長さは 12 cm になります。

44 第7章 データの分析と活用

度数分布

まず ココ！ 要点を確かめよう

- データを整理するために用いる区間を**階級《かいきゅう》**，区間の幅《はば》を**階級の幅**，それぞれの階級に入っているデータの個数をその階級の**度数《どすう》**といいます。
- データをいくつかの階級に分け，階級ごとにその度数を示した表を**度数分布《どすうぶんぷ》表《ひょう》**，その度数分布表をグラフで表したものを**ヒストグラム**または**柱状《ちゅうじょう》グラフ**といいます。
- 各階級の真ん中の値を**階級値**といいます。

つぎ ココ！ 解き方を覚えよう

例題 1

右の表は，あるクラスの男子生徒 20 人の体重の度数分布表です。次の問いに答えなさい。

(1) 55 kg 以上 60 kg 未満の人は何人ですか。

(2) 60 kg の人は，どの階級に入りますか。

(3) 階級の幅は何 kg ですか。

(4) 度数が最も多い階級と，その階級値をいいなさい。

(5) いちばん体重の軽い生徒から数えて 11 番目の生徒は，どの階級に入りますか。

階級 (kg)	度数(人)
以上　未満	
40 ～ 45	1
45 ～ 50	2
50 ～ 55	7
55 ～ 60	［　］
60 ～ 65	3
65 ～ 70	1
計	20

(1) 合計が 20 人だから，20−(1＋2＋7＋3＋1)=［①］(人)

(2) 60 kg は，［②］kg 以上［③］kg 未満の階級に入ります。

(3) 「40～45」，「45～50」と，5 kg ごとに区切っているので，階級の幅は［④］kg

(4) 50 kg 以上 55 kg 未満の度数は，［⑤］人で度数が最も多く，その階級値は(50＋55)÷2=［⑥］(kg)

(5) 体重の軽い順に表の上のほうから順に人数をたしていき，11 番目の生徒が入る階級だから，［⑦］kg 以上［⑧］kg 未満に入ります。

基本問題

解答⇒別冊 p.14

1 右の表は，あるクラスの生徒の身長の度数分布表です。次の問いに答えなさい。

階級(cm)	度数(人)
以上　　未満	
150 ～ 155	1
155 ～ 160	a
160 ～ 165	5
165 ～ b	7
b ～ 175	3
175 ～ 180	2
計	20

(1) a，b の値を求めなさい。

(2) 階級の幅は何 cm ですか。

(3) 身長 160 cm の生徒はどの階級に入りますか。

(4) ヒストグラムをかきなさい。

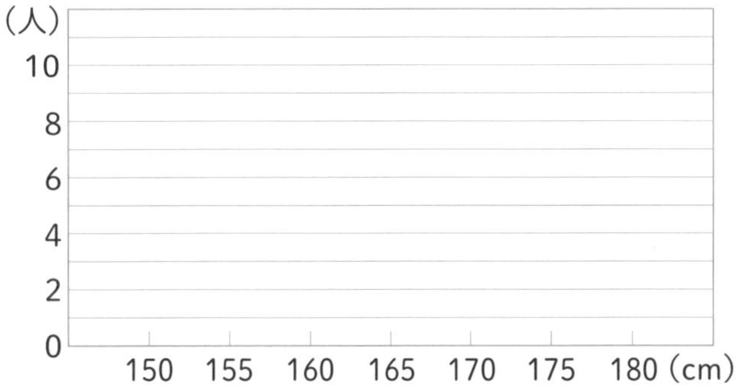

度数折れ線(度数分布多角形)

例題 1 の度数分布表をヒストグラムに表すと，右のグラフのようになります。さらに分布の特徴をわかりやすくするため，ヒストグラムの長方形の上の辺の中点を順に線分で結んだものを度数折れ線(度数分布多角形)といいます。

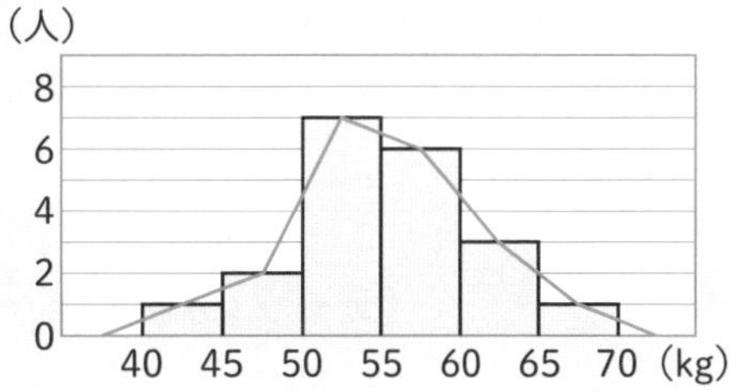

例題の答 1 ①6 ②60 ③65 ④5 ⑤7 ⑥52.5 ⑦55 ⑧60

45

第７章 データの分析と活用

相対度数と平均値

まず ココ！ 要点を確かめよう

- 全体の度数が異なるデータを比べるときには，度数の合計に対する割合を用います。これを**相対《そうたい》度数《どすう》**といいます。

  $$(相対度数)=\frac{(ある階級の度数)}{(度数の合計)}$$

- データの最大の値から最小の値をひいた値を分布の**範囲《はんい》**といいます。
- データの**平均値**は，それぞれのデータの値の合計をデータの総数でわれば求められます。

つぎ ココ！ 解き方を覚えよう

例題 1 右の表は，あるクラスの生徒の小テストの得点を表したものです。次の問いに答えなさい。

得点(点)	4	5	6	7	8	9	10
人数(人)	1	3	6	8	4	2	1

(1) 6 点をとった人の相対度数を求めなさい。

(2) このテストの平均値を，小数第 2 位を四捨五入して求めなさい。

(1) クラスの人数は，1＋3＋6＋8＋4＋2＋1＝[①　　](人)

6 点をとった人数は [②　] 人だから，相対度数は

[②　]÷[①　　]＝[③　　　]

(2) クラスの総得点は，

4×1＋5×3＋6×6＋7×8＋8×4＋9×2＋10×1＝[④　　　](点)

クラスの人数は [①　　] 人だから，

$$(平均値)=\frac{(データの値の合計)}{(データの総数)}=\frac{[④\quad]}{[①\quad]}=[⑤\quad]$$

小数第 2 位を四捨五入して，[⑥　　] 点

このデータの範囲は 10−4=6(点) だよ。

基本問題

解答⇒別冊 p.15

1 右の表は，あるクラスの生徒の体重の度数分布表です。次の問いに答えなさい。

階級(kg)	度数(人)	相対度数
以上　未満		
40 ～ 45	5	
45 ～ 50	8	
50 ～ 55	16	
55 ～ 60	14	
60 ～ 65	6	
65 ～ 70	1	
計	50	

(1) 各階級の相対度数を求め，右の表に記入しなさい。

(2) 相対度数の合計はいくつですか。

(3) 体重が 55 kg 以上の人は全体の何％ですか。

2 下のデータは，あるクラス 10 人の数学のテストの得点です。次の問いに答えなさい。

34，56，67，81，93，75，68，48，90，88 （単位 点）

(1) 得点の分布の範囲を求めなさい。

(2) 平均値を求めなさい。

度数分布表から平均値を求めること

データの 1 つ 1 つの値がわからなくても，それぞれの階級値に度数をかけ，その総和から平均値を求めることができます。
たとえば，基本問題 1 では，40 kg 以上 45 kg 未満の階級値は 42.5 kg だから，これに度数 5 をかけると，212.5 kg になります。これを各階級ごとに計算し，その値をすべてたして，これを度数の合計 50 でわれば，平均値となります。
この求め方も覚えておきましょう。

例題の答 1 ①25 ②6 ③0.24 ④171 ⑤6.84 ⑥6.8

代表値

まず ココ！ 要点を確かめよう

- データ全体を代表して，そのようすを表す数値を**代表値**といいます。
- 調べようとするデータを大きさの順に並べたときの中央にくるデータの値を**中央値**または**メジアン**といいます。
- データの中で最も多く出てくる値，もしくは度数分布表で度数の最も多い階級の階級値のことを**最頻値《さいひんち》**または**モード**といいます。
- **代表値**には平均値，中央値，最頻値がよく用いられます。

つぎ ココ！ 解き方を覚えよう

例題 1 右の表は，ハンドボール投げの記録の度数分布表です。次の問いに答えなさい。

(1) 25 m 投げた人はどの階級に入りますか。

(2) 15 m 以上 20 m 未満の階級の相対度数を求めなさい。

(3) 中央値の属する階級を求めなさい。

(4) 最頻値を求めなさい。

階級(m)	度数(人)
以上　未満	
10 ～ 15	3
15 ～ 20	4
20 ～ 25	6
25 ～ 30	10
30 ～ 35	2
計	25

(1) ［①　］m 以上［②　］m 未満の階級に入ります。

(2) 15 m 以上 20 m 未満の階級の度数は［③　］です。

したがって，相対度数は，［③　］÷25＝［④　］

(3) 人数の合計は 25 人だから，中央にくる値は，短いほうから数えて，［⑤　］番目になります。したがって，［⑥　］m 以上［⑦　］m 未満の階級に入ります。

(4) 度数が最も多い階級は［⑧　］m 以上［⑨　］m 未満だから，その階級値は［⑩　］m

基本問題

解答⇒別冊 p.15

1 あるクラスの男子 11 人の垂直とびの記録は，下のとおりでした。これについて，次の問いに答えなさい。

53　48　51　46　37　56　41.5　58.5　57　55　43.5　（単位 cm）

(1)　この記録の分布の範囲《はんい》は何 cm ですか。

(2)　中央値を求めなさい。

2 右の表は，あるクラスの生徒 40 人の体重の度数分布表です。次の問いに答えなさい。

階級(kg)	度数(人)
以上　未満	
40 ～ 45	2
45 ～ 50	4
50 ～ 55	16
55 ～ 60	12
60 ～ 65	6
計	40

(1)　中央値の属する階級を求めなさい。

(2)　最頻値を求めなさい。

中央値のとり方

基本問題 **1** の(2)では，奇数である 11 人の中央値を求めました。それでは偶数の場合はどのように求めると思いますか。垂直とびの記録に 60 cm とんだ男子を加えて，偶数である 12 人で考えてみましょう。データの総数が偶数個のときの中央値は，真ん中の 2 つの値の平均値で求めます。つまり，小さいほうから 6 番目と 7 番目の記録の平均値となるので，(51＋53)÷2＝52(cm) となります。

㋐総数が奇数個のとき，

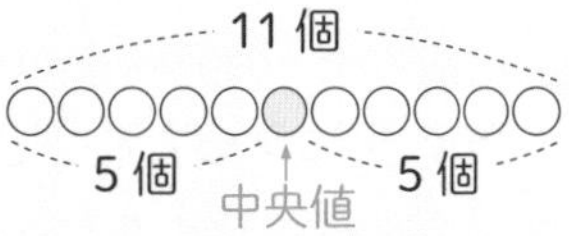

㋑総数が偶数個のとき，

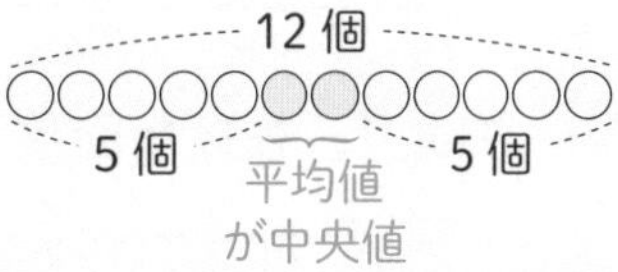

例題の答 **1** ①25　②30　③4　④0.16　⑤13　⑥20　⑦25　⑧25　⑨30　⑩27.5

47 第7章 データの分析と活用

ことがらの起こりやすさ

まず ココ！ 要点を確かめよう

- 例えば，ペットボトルのキャップなどを投げる実験を多数回くり返すとき，表向きになる相対度数は，ある値にかぎりなく近づいていきます。
- 結果が偶然に左右される実験や観察を行うとき，あることがらが起こると期待される程度を数で表したものを，そのことがらの起こる**確率**といいます。
- 確率が p であるということは，同じ実験や観察を多数回くり返すとき，そのことがらの起こる相対度数が p にかぎりなく近づくという意味です。

つぎ ココ！ 解き方を覚えよう

例題 1

右の表は，ペットボトルのキャップを投げて表向きになった回数を表にしたものです。次の問いに答えなさい。

(1) 表の a にあてはまる数を，小数第3位まで求めなさい。

(2) 表向きになる確率はどんな値に近づくと考えられますか。小数第2位までの数で答えなさい。

(3) このキャップを3000回投げたとき，何回表向きになると考えられますか。

投げた回数	表向きの回数	相対度数
200	45	0.225
400	81	0.203
600	129	0.215
800	164	0.205
1000	203	0.203
1200	247	0.206
1400	297	0.212
1600	334	0.209
1800	379	0.211
2000	420	a

(1) 表向きになった相対度数は ①[　　　] ÷投げた回数 で求められます。

よって，a は，420÷2000＝ ②[　　　] より， ③[　　　]

(2) (1)より，投げた回数が増えると，相対度数は ④[　　　] に近づいているので，確率は ④[　　　]

(3) 3000×0.21＝ ⑤[　　　]（回）より， ⑤[　　　] 回表向きになると考えられます。

基本問題

解答⇒別冊 p.15

1 右の表は，あるボタンを投げて表向きになった回数を表にしたものです。次の問いに答えなさい。

投げた回数	100	500	1000	1500	2000
表向きの回数	35	191	369	566	751

(1) 表，裏のどちらの向きになりやすいと考えられますか。

(2) 表向きになる確率は，どんな値に近づくと考えられますか。小数第 2 位まで求めなさい。

(3) このボタンを 4000 回投げたとき，何回表向きになると考えられますか。

(4) この実験で，正しいと考えられるものを次の**ア**～**ウ**からすべて選びなさい。

ア 裏向きになる確率はおよそ 0.62 と考えられる。

イ 6 回連続裏向きになったので，次に投げるときは表向きになりやすくなる。

ウ 投げた回数を増やしても，表向きになる確率は変わらない。

確率を求めるために，いつも実験するの？

さいころを投げて 1 の目が出る確率を考えてみましょう。投げる回数を多くすると，右の表のように相対度数が 0.167 に近づくことが分かります。つまり，1 の目が出る確率は 0.167 であると考えられます。同じように，2 の目，3 の目，…，6 の目が出る確率も 0.167 であると考えられます。

投げた回数	1 の目が出た回数	相対度数
100	14	0.140
500	87	0.174
1000	169	0.169
1500	252	0.168
2000	334	0.167
3000	500	0.167

このように，さいころのどの目が出ることも同じ程度に期待できることを，同様に確からしいといいます。

この 0.167 という数字，正確には 0.16666…で，実験しなくても計算で求めることができますよ。どのような計算をすればよいのか，考えてみましょう。

確認テスト ⑦

目標得点：80点

解答⇒別冊 p.15, 16

/ 100

1 あるクラスで，生徒が1日にテレビを見る時間を調査しました。その結果をまとめたものが，右の度数分布表です。次の問いに答えなさい。

➔ できなければ，p.102, 104, 106 へ

階級(分)	度数(人)	相対度数
以上　未満		
30 ～ 60	6	b
60 ～ 90	9	0.225
90 ～ 120	19	0.475
120 ～ 150	3	0.075
150 ～ 180	a	0.050
180 ～ 210	1	0.025
計	40	c

⑴ 度数分布表のa～cにあてはまる数を求めなさい。(14点)

⑵ 階級の幅《はば》をいいなさい。(14点)

⑶ 120分テレビを見る生徒はどの階級に入りますか。(14点)

⑷ 中央値の属する階級を求めなさい。(14点)

⑸ 最頻値《さいひんち》を求めなさい。(14点)

得点UP アドバイス

- データの整理の問題では，用語の意味をきちんと理解しておこう。
- 度数分布表をつくるときは，各階級の度数を数えまちがえないように。
- 中央値は，データの総数が奇数のときと偶数のときとで求め方がちがうことを覚えておこう。

⑹ 度数分布表をヒストグラムに表しなさい。（16点）

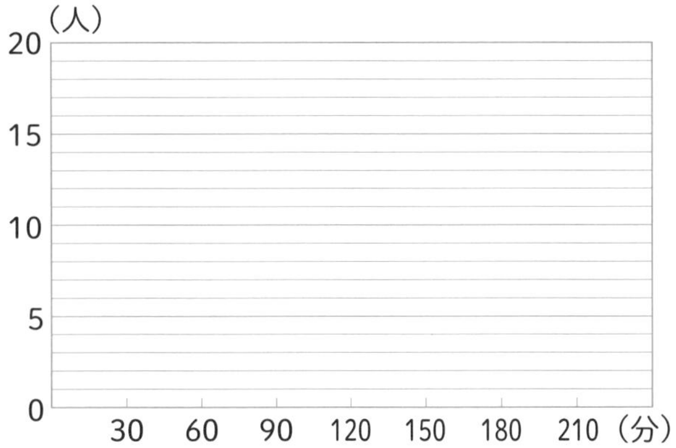

⑺ 平均値を求めなさい。（14点）

これで レベルアップ

あるクラス 31 人のテストの平均点が 64 点だったそうです。このことについて，A，B，C の 3 人が次のように言っています。必ず正しいことを言っているのはだれでしょうか。

A さん「64 点をとった人がいちばん多いよ。」

B さん「64 点をとった人は，点数の順位が 16 番目の人だよ。」

C さん「31 人の得点の合計は 1984 点だよ。」

A さんは 64 点を最頻値と勘《かん》ちがいし，B さんは 64 点を中央値と勘ちがいしています。平均値が最頻値，中央値といつも同じになるとはかぎりません。平均値が 64 点のとき，31 人の得点の合計は $64 \times 31 = 1984$(点) と求めることができます。よって，正しいことを言っているのは C さんです。

装丁デザイン　ブックデザイン研究所
本文デザイン　A.S.T DESIGN
図　版　デザインスタジオエキス.

本書に関する最新情報は，小社ホームページにある**本書の「サポート情報」**をご覧ください。(開設していない場合もございます。) なお，この本の内容についての責任は小社にあり，内容に関するご質問は直接小社におよせください。

中1 基礎からわかりやすく 数学ノート

編著者　中学教育研究会
発行者　岡本泰治
印刷所　岩岡印刷

発行所　受験研究社

〒550-0013 大阪市西区新町2丁目19番15号
注文・不良品などについて：(06)6532-1581(代表)／本の内容について：(06)6532-1586(編集)

Printed in Japan　髙廣製本
落丁・乱丁本はお取り替えします。

ひっぱると，はずして使えます。

中1

基礎からわかりやすく

数学ノート

解答

受験研究社

1 符号のついた数 （本文 5 ページ）

1 (1) $+15$　(2) $+2.5$

(3) -20　(4) $-\dfrac{5}{6}$

2 A -4, B $-2.5\left(-\dfrac{5}{2}\right)$, C $-0.5\left(-\dfrac{1}{2}\right)$, D $+3$

ここに注意！

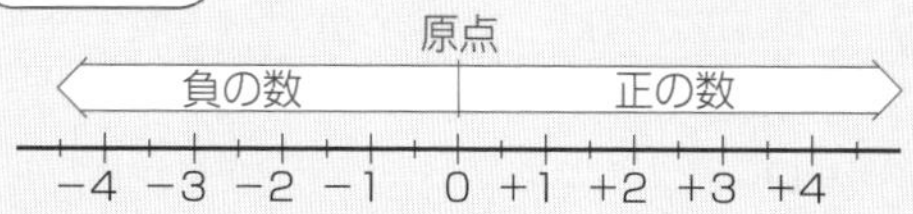

1 目もりは，0.5 です。分数や小数のときは，特に 1 目もりの大きさに気をつけましょう。

3 (1) -200 円

(2) -4 時間

ここに注意！

反対の性質をもつ量は，正の数と負の数で表せます。

・収入 ⟷ 支出
　 ＋　　　 −

・○時間後 ⟷ ○時間前
　　 ＋　　　　 −

2 絶対値と数の大小 （本文 7 ページ）

1 (1) 12　(2) $\dfrac{3}{5}$

2 $+8$, -8

ここに注意！

絶対値が■になる数は，＋■と −■の 2 つがあります。

3 (1) $-10<-6$　(2) $+0.8>-1.2$

(3) $-9<-2<0$
($0>-2>-9$ としてもよい。)

(4) $-8<-7<-6$
($-6>-7>-8$ としてもよい。)

3 正の数・負の数の加法 （本文 9 ページ）

1 (1) $(+7)+(+10)$
$=+(7+10)$
$=+17$

(2) $(-18)+(-13)$
$=-(18+13)$
$=-31$

(3) $(-6)+(+17)$
$=+(17-6)$
$=+11$

(4) $(+30)+(-30)$
$=0$

(5) $(-0.6)+(-0.7)$
$=-(0.6+0.7)$
$=-1.3$

(6) $(+0.9)+(-1.7)$
$=-(1.7-0.9)$
$=-0.8$

(7) $\left(-\dfrac{3}{2}\right)+\left(-\dfrac{1}{4}\right)$
$=\left(-\dfrac{6}{4}\right)+\left(-\dfrac{1}{4}\right)$
$=-\left(\dfrac{6}{4}+\dfrac{1}{4}\right)$
$=-\dfrac{7}{4}$

(8) $\left(-\dfrac{1}{6}\right)+\left(+\dfrac{3}{10}\right)$
$=\left(-\dfrac{5}{30}\right)+\left(+\dfrac{9}{30}\right)$
$=+\left(\dfrac{9}{30}-\dfrac{5}{30}\right)$
$=+\dfrac{4}{30}$
$=+\dfrac{2}{15}$

ここに注意！

(4)絶対値が同じで符号が反対の 2 数をたすと，0 になります。

4 正の数・負の数の減法 （本文 11 ページ）

1 (1) $(+7)-(+3)$
$=(+7)+(-3)$
$=+(7-3)$
$=+4$

(2) $(-3)-(-5)$
$=(-3)+(+5)$
$=+(5-3)$
$=+2$

(3) $(-6)-(+9)$
$=(-6)+(-9)$
$=-(6+9)$
$=-15$

(4) $(-8)-(-8)$
$=(-8)+(+8)$
$=0$

(5) $(-0.4)-(+0.3)$
$=(-0.4)+(-0.3)$
$=-(0.4+0.3)$
$=-0.7$

(6) $(+0.3)-(-1.7)$
$=(+0.3)+(+1.7)$
$=+(0.3+1.7)$
$=+2$

(7) $\left(+\dfrac{1}{6}\right)-\left(+\dfrac{2}{3}\right)$
$=\left(+\dfrac{1}{6}\right)+\left(-\dfrac{4}{6}\right)$
$=-\left(\dfrac{4}{6}-\dfrac{1}{6}\right)$
$=-\dfrac{3}{6}$
$=-\dfrac{1}{2}$

(8) $\left(+\dfrac{5}{6}\right)-\left(-\dfrac{3}{8}\right)$
$=\left(+\dfrac{20}{24}\right)+\left(+\dfrac{9}{24}\right)$
$=+\left(\dfrac{20}{24}+\dfrac{9}{24}\right)$
$=+\dfrac{29}{24}$

5 加法と減法の混じった計算 （本文 13 ページ）

1 (1) $(-4)+(-9)-(-6)$

$=(-4)+(-9)+(+6)$

$=-4-9+6$

(2) $5-(-4)+6-(+2)$

$=5+(+4)+6+(-2)$

$=5+4+6-2$

2 (1) $-2+7$

$=5$

(2) $4-8-7$

$=4-15$

$=-11$

(3) $-6+3+2-7$

$=-6-7+3+2$

$=-13+5$

$=-8$

(4) $3-7+10-5$

$=3+10-7-5$

$=13-12$

$=1$

(5) $10+(-5)-(-8)$

$=10-5+8$

$=10+8-5$

$=18-5$

$=13$

(6) $-9-(+13)-(-17)+5$

$=-9-13+17+5$

$=-22+22$

$=0$

> **ここに注意！**
> 答えの数が正の数のときは，＋の符号を省略できます。

6 正の数・負の数の乗法 （本文 15 ページ）

1 (1) $(+5)\times(+4)$

$=+(5\times4)$

$=20$

(2) $(-7)\times(-2)$

$=+(7\times2)$

$=14$

(3) $(+6)\times(-3)$

$=-(6\times3)$

$=-18$

(4) $(-8)\times(+9)$

$=-(8\times9)$

$=-72$

(5) $(+2.5)\times(-4)$

$=-(2.5\times4)$

$=-10$

(6) $\left(-\frac{1}{5}\right)\times\left(-\frac{5}{8}\right)$

$=+\left(\frac{1}{5}\times\frac{5}{8}\right)$

$=\frac{1}{8}$

2 (1) $(+2)\times(+5)\times(-3)$

$=-(2\times5\times3)$

$=-30$

(2) $-9\times(-4)\times2$

$=+(9\times4\times2)$

$=72$

7 累乗，素因数分解 （本文 17 ページ）

1 (1) 5^2

$=5\times5$

$=25$

(2) $(-3)^3$

$=(-3)\times(-3)\times(-3)$

$=-27$

(3) -7^2

$=-(7\times7)$

$=-49$

(4) $\left(-\frac{2}{3}\right)^2$

$=\left(-\frac{2}{3}\right)\times\left(-\frac{2}{3}\right)$

$=\frac{4}{9}$

(5) $(-2)^2\times3$

$=(-2)\times(-2)\times3$

$=4\times3$

$=12$

(6) $4\times(-3^2)$

$=4\times(-3\times3)$

$=4\times(-9)$

$=-36$

> **ここに注意！**
> 指数が（　）の外にあるか中にあるかで，符号が変わってきます。よく見て計算しましょう。

2 (1)

$$\begin{array}{r|l} 2 & 40 \\ 2 & 20 \\ 2 & 10 \\ & 5 \end{array}$$

よって，

$40=2^3\times5$

(2)

$$\begin{array}{r|l} 2 & 126 \\ 3 & 63 \\ 3 & 21 \\ & 7 \end{array}$$

よって，

$126=2\times3^2\times7$

8 乗法と除法の混じった計算 （本文 19 ページ）

1 (1) $\frac{7}{2}$

(2) $-\frac{1}{6}$

> **ここに注意！**
> 整数は分母が 1 の分数と考えると，わかりやすくなります。

2 (1) $(-36)\div(-9)$

$=4$

(2) $24\div(-4)$

$=-6$

(3) $\left(-\frac{5}{6}\right)\div\left(+\frac{1}{3}\right)$

$=-\frac{5}{6}\times3$

$=-\frac{5}{2}$

(4) $\frac{9}{16}\div\left(-\frac{3}{8}\right)$

$=\frac{9}{16}\times\left(-\frac{8}{3}\right)$

$=-\frac{3}{2}$

3 (1) $(-4)\times(-5)\div(-2)$

$=(-4)\times(-5)\times\left(-\frac{1}{2}\right)$

$=-\left(4\times5\times\frac{1}{2}\right)$

$=-10$

(2) $\left(-\frac{2}{3}\right)\times6\div\left(-\frac{8}{9}\right)$

$=\left(-\frac{2}{3}\right)\times6\times\left(-\frac{9}{8}\right)$

$=+\frac{2\times6\times9}{3\times8}$

$=\frac{9}{2}$

9 四則の混じった計算 (本文 21 ページ)

1 (1) $-2-(-18)\div 6$
$=-2-(-3)$
$=-2+3$
$=1$

(2) $9\times(-2)+(-12)\div 6$
$=-18+(-2)$
$=-18-2$
$=-20$

(3) $3\times(-18+12)+5$
$=3\times(-6)+5$
$=-18+5$
$=-13$

(4) $6-3\times(7-2^2)$
$=6-3\times(7-4)$
$=6-3\times 3$
$=6-9$
$=-3$

2 (1) $(-6)\times\left(\dfrac{1}{3}-\dfrac{1}{2}\right)$
$=(-6)\times\dfrac{1}{3}+(-6)\times\left(-\dfrac{1}{2}\right)$
$=-2+3$
$=1$

(2) $(-46)\times 72+(-54)\times 72$
$=\{(-46)+(-54)\}\times 72$
$=(-100)\times 72$
$=-7200$

10 正の数・負の数の利用 (本文 23 ページ)

1 (1) 120 個を基準にその差を正の数，負の数を使って表すと，

	月	火	水	木	金
120 個との差	0	+6	+7	+20	−18

よって，商品 A の平均出荷数は
$120+(0+6+7+20-18)\div 5$
$=120+15\div 5=120+3$
$=123$(個)

ここに注意！
(1)のように，基準にする数を決めて，その差の平均を求めれば，簡単な計算で平均を求めることができます。

(2) たとえば，100 個を基準にして，基準との差を正の数，負の数を使って表すと，

	月	火	水	木	金
100 個との差	−22	+24	+35	−15	+18

$100+(-22+24+35-15+18)\div 5$
$=100+40\div 5$
$=100+8=108$(個)

確認テスト ① (本文 24 ページ)

1 −2，−1，0，1，2

2 (1) $-4-(-7)$
$=-4+7$
$=3$

(2) $-4.5+(-1.5)$
$=-4.5-1.5$
$=-6$

(3) $\dfrac{3}{4}-\left(+\dfrac{1}{3}\right)$
$=\dfrac{9}{12}-\dfrac{4}{12}$
$=\dfrac{5}{12}$

(4) $-7-(-29)+(-16)-8$
$=-7+29-16-8$
$=-31+29$
$=-2$

3 (1) $7\times(-5)$
$=-(7\times 5)$
$=-35$

(2) $(-45)\div(-9)$
$=+(45\div 9)$
$=5$

(3) $(-8)^2$
$=(-8)\times(-8)$
$=+(8\times 8)$
$=64$

(4) $(-3)\times(-6)\div(-9)$
$=-(3\times 6\div 9)$
$=-2$

(5) $(-1.2)\div 2$
$=-(1.2\div 2)$
$=-0.6$

(6) $(-12)\div\left(-\dfrac{6}{7}\right)$
$=(-12)\times\left(-\dfrac{7}{6}\right)$
$=14$

確認テスト ① (本文 25 ページ)

4 (1) $(-3)\times(4-6)$
$=(-3)\times(-2)$
$=6$

(2) $3\times(-2)-16\div(-8)$
$=-6+2$
$=-4$

(3) $10\div(-3^2+12\div 3)$
$=10\div(-9+4)$
$=10\div(-5)$
$=-2$

(4) $(-4)^2\times\dfrac{3}{8}\div\left(-\dfrac{3}{4}\right)$
$=16\times\dfrac{3}{8}\div\left(-\dfrac{3}{4}\right)$
$=16\times\dfrac{3}{8}\times\left(-\dfrac{4}{3}\right)$
$=-\left(\overset{2}{\cancel{16}}\times\dfrac{\overset{1}{\cancel{3}}}{\underset{1}{\cancel{8}}}\times\dfrac{4}{\underset{1}{\cancel{3}}}\right)$
$=-8$

5 A $157+(-5)=157-5=152$(cm)
B $157+(+3)=157+3=160$(cm)

⑪ 文字式の表し方　（本文 27 ページ）

1 (1)　（りんご 3 個の重さ）+（みかん 4 個の重さ）だから，

$(a\times 3+b\times 4)$ g

または $(3a+4b)$ g でもよい。

(2)　1000 円−（ノート 3 冊《さつ》の代金）だから，

$(1000-x\times 3)$円

または $(1000-3x)$円でもよい。

2 (1)　$a\times b\times(-2)$

$=-2ab$

(2)　$x\times x\times(-1)\times y$

$=-x^2y$

(3)　$5t\div 9$

$=\frac{5t}{9}$　$\left(\frac{5}{9}t\right)$

(4)　$m\times n\div 6$

$=mn\div 6$

$=\frac{mn}{6}$　$\left(\frac{1}{6}mn\right)$

ここに注意！

• $x\div(-4)=\frac{x}{-4}=-\frac{x}{4}$

↑ −の符号は分数の前に

• $1\times a$ は a，$(-1)\times a$ は $-a$ と表します。

⑫ 文字式と数量　（本文 29 ページ）

1 (1)　a L$=10a$ dL だから，

$(10a-7)$ dL

(2)　b g$=\frac{b}{1000}$ kg だから，

$\left(4+\frac{b}{1000}\right)$ kg

または，小数で表して，$(4+0.001b)$ kg

2 (1)　（円の周の長さ）$=2\times\pi\times$（半径）だから，

$2\times\pi\times 5=10\pi$ (cm)

(2)　3 割$=\frac{3}{10}$

x 人の 3 割は x 人の $\frac{3}{10}$（倍）と同じ意味だから，

$x\times\frac{3}{10}=\frac{3}{10}x$（人）

(3)　（速さ）=（道のり）÷（時間）だから，

$y\div 6=\frac{y}{6}$

よって，時速 $\frac{y}{6}$ km

⑬ 式の値　（本文 31 ページ）

1 (1)　$3a$

$=3\times a$

$=3\times(-4)$

$=-12$

(2)　$6-a$

$=6-(-4)$

$=6+4$

$=10$

(3)　a^2

$=a\times a$

$=(-4)\times(-4)$

$=16$

(4)　$\frac{8}{a}$

$=8\div a$

$=8\div(-4)$

$=-2$

ここに注意！

負の数を代入するときは，かっこをつけることを忘れないようにしましょう。

2 (1)　$6x-4$

$=6\times x-4$

$=6\times\frac{1}{3}-4$

$=2-4$

$=-2$

(2)　$\frac{x}{2}$

$=\frac{1}{2}x$

$=\frac{1}{2}\times x$

$=\frac{1}{2}\times\frac{1}{3}$

$=\frac{1}{6}$

⑭ 1 次式の加法・減法　（本文 33 ページ）

1　項…x，$-\frac{y}{2}$，3

x の係数…1

y の係数…$-\frac{1}{2}$

ここに注意！

$x=1\times x$ と考えます。

−の符号のついた項は，−も忘れずに示します。

$-\frac{y}{2}=-\frac{1}{2}y$ と考えます。

2 (1)　$7x-2x$

$=(7-2)x$

$=5x$

(2)　$-6y+5y$

$=(-6+5)y$

$=-y$

(3)　$6x+4-3x$

$=6x-3x+4$

$=(6-3)x+4$

$=3x+4$

(4)　$-12y-3+5y+1$

$=-12y+5y-3+1$

$=(-12+5)y-3+1$

$=-7y-2$

(5)　$(6x-3)+(-4x-3)$

$=6x-3-4x-3$

$=6x-4x-3-3$

$=(6-4)x-3-3$

$=2x-6$

(6)　$(5a-2)-(9-4a)$

$=5a-2-9+4a$

$=5a+4a-2-9$

$=(5+4)a-2-9$

$=9a-11$

⑮ 1次式と数の乗法・除法　(本文 35 ページ)

1 (1) $(-4x)\times(-5)$
$=(-4)\times x\times(-5)$
$=(-4)\times(-5)\times x$
$=20x$

(2) $40a\div(-10)$
$=-\dfrac{40a}{10}$
$=-4a$

(3) $-2(2y+5)$
$=-2(2y+5)$
$=-2\times 2y-2\times 5$
$=-4y-10$

(4) $(9x-12)\div 3$
$=(9x-12)\times\dfrac{1}{3}$
$=\dfrac{9x}{3}-\dfrac{12}{3}$
$=3x-4$

(5) $-3(2a+7)+4(a+5)$
$=-6a-21+4a+20$
$=-6a+4a-21+20$
$=-2a-1$

(6) $7(2x+1)-5(3x-2)$
$=14x+7-15x+10$
$=14x-15x+7+10$
$=-x+17$

⑯ 文字式の利用　(本文 37 ページ)

1 (1) 偶数《ぐうすう》は 2 の倍数だから，2 の n 倍と表される。
よって，$2\times n=2n$

(2) (わられる数)=(わる数)×(商)+(余り) だから，
$5\times n+2=5n+2$

2 (1) (鉛筆 6 本の代金)+(消しゴム 1 個の代金)
=(合計の代金) だから，
これを文字式で表すと，
$a\times 6+200=620$
$6a+200=620$

(2) 兄 x 円　—兄が弟に500円をわたすと→　兄 $(x-500)$ 円
弟 y 円　　　　　　　　　　　　　　　　弟 $(y+500)$ 円
兄の所持金 $(x-500)$ は弟の所持金の 2 倍 $(y+500)\times 2$ より少ないから，
$x-500<2(y+500)$

ここに注意！
「〜に等しい」，「〜より少ない」，「〜以上」，「〜以下」などの表現に注意しましょう。

確認テスト ②　(本文 38 ページ)

1 (1) $b\times 2\times a\times c$
$=2abc$

(2) $x\times(-1)\times y\times y$
$=-xy^2$

(3) $7\div x\div y$
$=7\times\dfrac{1}{x}\times\dfrac{1}{y}$
$=\dfrac{7}{xy}$

(4) $-2\times a-4\times b$
$=-2a-4b$

2 (1) $2m^2y$
$=2\times m\times m\times y$

(2) $\dfrac{4x}{y}$
$=4\times x\div y$

3 (1) 25% は $\dfrac{25}{100}=\dfrac{1}{4}$
だから，
$x\times\dfrac{1}{4}=\dfrac{1}{4}x$(kg)

(2) (時間)=(道のり)÷(速さ)
だから，
$a\div 60=\dfrac{a}{60}$(分)

4 (1) $6-4x$
$=6-4\times(-3)$
$=6+12$
$=18$

(2) $x^2-(-6)$
$=(-3)^2-(-6)$
$=9+6$
$=15$

確認テスト ②　(本文 39 ページ)

5 (1) $3x-4x$
$=-x$

(2) $-2a+5-7+3a$
$=-2a+3a+5-7$
$=a-2$

(3) $(2x+7)+(x-9)$
$=2x+7+x-9$
$=2x+x+7-9$
$=3x-2$

(4) $(5a-1)-(4+5a)$
$=5a-1-4-5a$
$=5a-5a-1-4$
$=-5$

6 (1) $5x\times(-2)$
$=5\times x\times(-2)$
$=-10x$

(2) $-4(5y-3)$
$=-4\times 5y-4\times(-3)$
$=-20y+12$

(3) $(25a-15)\div(-5)$
$=(25a-15)\times\left(-\dfrac{1}{5}\right)$
$=25a\times\left(-\dfrac{1}{5}\right)-15\times\left(-\dfrac{1}{5}\right)$
$=-5a+3$

(4) $2(3x-6)-5(x-4)$
$=6x-12-5x+20$
$=6x-5x-12+20$
$=x+8$

7 $2x+6\leqq -5$

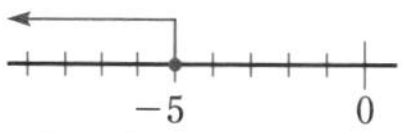

(−5 をふくむ)

これでレベルアップ
半径 r cm の円の面積 S cm² は，
$S=\pi r^2$ ← (面積)=(半径)×(半径)×(円周率)

⑰ 方程式と等式の性質 (本文 41 ページ)

1 それぞれの式の x に 4 を代入して，等式が成り立つか調べる。

ア $3x+8=2x$

(左辺)$=3\times4+8=20$

(右辺)$=2\times4=8$

イ $-2x-5=2x+5$

(左辺)$=-2\times4-5=-13$

(右辺)$=2\times4+5=13$

ウ $2(1-x)=-x-2$

(左辺)$=2\times(1-4)=-6$

(右辺)$=-4-2=-6$

エ $-3+8x=6x+3$

(左辺)$=-3+8\times4=29$

(右辺)$=6\times4+3=27$

よって，4 が解であるものは，**ウ**

2 (1) $x-4=-8$

両辺に 4 をたして，

$x-4+4=-8+4$

$x=-4$

(2) $\frac{x}{4}=-2$

両辺に 4 をかけて，

$\frac{x}{4}\times4=-2\times4$

$x=-8$

(3) $-3x=-18$

両辺を -3 でわって，

$\frac{-3x}{-3}=\frac{-18}{-3}$

$x=6$

(4) $x+6=-3$

両辺から 6 をひいて，

$x+6-6=-3-6$

$x=-9$

⑱ 1 次方程式の解き方 (本文 43 ページ)

1 (1) $3x+2=8$

$3x=8-2$

$3x=6$

$x=2$

(2) $6-2x=10$

$-2x=10-6$

$-2x=4$

$x=-2$

(3) $4x-9=3x-4$

$4x-3x=-4+9$

$x=5$

(4) $-5x+7=-3x-9$

$-5x+3x=-9-7$

$-2x=-16$

$x=8$

2 (1) $2(x+1)=-x+5$

$2x+2=-x+5$

$2x+x=5-2$

$3x=3$

$x=1$

(2) $-3(2x-4)=5(x-2)$

$-6x+12=5x-10$

$-6x-5x=-10-12$

$-11x=-22$

$x=2$

ここに注意！

かっこをはずすときは，符号に気をつけましょう。

⑲ いろいろな方程式 ① (本文 45 ページ)

1 (1) $1.3x=-3.6-0.5x$

$13x=-36-5x$

$13x+5x=-36$

$18x=-36$

$x=-2$

(2) $5+0.03x=0.28x$

$500+3x=28x$

$3x-28x=-500$

$-25x=-500$

$x=20$

(3) $0.3x+1=0.14x-0.6$

$30x+100=14x-60$

$30x-14x=-60-100$

$16x=-160$

$x=-10$

(4) $\frac{1}{5}x+3=2$

$\left(\frac{1}{5}x+3\right)\times5=2\times5$

$\frac{1}{5}x\times5+3\times5=2\times5$

$x+15=10$

$x=10-15$

$x=-5$

(5) $\frac{3}{4}x-7=2x+\frac{1}{2}$

$\left(\frac{3}{4}x-7\right)\times4=\left(2x+\frac{1}{2}\right)\times4$

$\frac{3}{4}x\times4-7\times4=2x\times4+\frac{1}{2}\times4$

$3x-28=8x+2$

$3x-8x=2+28$

$-5x=30$

$x=-6$

(6) $\frac{2x+1}{3}=\frac{5x-8}{4}$

$\frac{2x+1}{3}\times12=\frac{5x-8}{4}\times12$

$4(2x+1)=3(5x-8)$

$8x+4=15x-24$

$8x-15x=-24-4$

$-7x=-28$

$x=4$

⑳ いろいろな方程式 ② (本文 47 ページ)

1 (1) $x:9=7:3$

$3x=63$

$x=21$

(2) $5:7=x:35$

$7x=175$

$x=25$

(3) $(x+1):6=2:3$

$3(x+1)=6\times2$

$3x+3=12$

$3x=12-3$

$3x=9$

$x=3$

(4) $2:(x-5)=8:12$

$8(x-5)=2\times12$

$8x-40=24$

$8x=24+40$

$8x=64$

$x=8$

ここに注意！

比例式では，$a:b=c:d$ ならば $ad=bc$ ですが，(2)，(4)のように，b や c に x の項があるときは，最初から $bc=ad$ とすると移項する手順が減ります。

2 $3(x+4)=2a+5$ の式に $x=-3$ を代入すると，

$3\times(-3+4)=2a+5$

$3\times1=2a+5$

a についての方程式として解くと，

$-2a=5-3$

$-2a=2$

$a=-1$

（答）$a=-1$

21 1 次方程式の利用 ① (本文 49 ページ)

1 ペンを x 本買ったとすると，シャープペンシルは $(12-x)$ 本買ったことになる。

$120x+150(12-x)=1560$

$120x+1800-150x=1560$

$120x-150x=1560-1800$

$-30x=-240$

$x=8$

よって，ペンは 8 本だから，シャープペンシルは，

$12-8=4$(本)

これは問題に適している。

(答) ペン 8 本，シャープペンシル 4 本

2 ケーキ 1 個の値段を x 円とすると，

(ケーキ 4 個の代金)＋(プリン 2 個の代金)＝(ケーキ 1 個とシュークリーム 1 個の代金)×3 だから，

$4x+200\times2=3(x+250)$

$4x+400=3x+750$

$4x-3x=750-400$

$x=350$

これは問題に適している。 (答) 350 円

22 1 次方程式の利用 ② (本文 51 ページ)

1 兄が家を出発してから x 分後に弟に追いつくとすると，

$50(x+4)=70x$

$50x+200=70x$

$50x-70x=-200$

$-20x=-200$

$x=10$

これは問題に適している。 (答) 10 分後

2 (1) (時間)＝(道のり)÷(速さ) だから，

$x\div50=\frac{x}{50}$(分)

(2) (登りにかかる時間)－(下りにかかる時間)＝24 分 だから，

$\frac{x}{50}-\frac{x}{80}=24$

$\frac{x}{50}\times400-\frac{x}{80}\times400=24\times400$

$8x-5x=9600$

$3x=9600$

$x=3200$

これは問題に適している。 (答) $x=3200$

確認テスト ③ (本文 52 ページ)

1 (1) $x+3=-1$

$x=-4$

(2) $6x=-48$

$x=-8$

(3) $-3x+5=8$

$-3x=8-5$

$-3x=3$

$x=-1$

(4) $5x+3=2x+9$

$5x-2x=9-3$

$3x=6$

$x=2$

(5) $2x-9=15-2x$

$2x+2x=15+9$

$4x=24$

$x=6$

(6) $7-3(1-x)=13$

$7-3+3x=13$

$3x=13-4$

$3x=9$

$x=3$

2 (1) $0.8-0.5x=-1.2$

$8-5x=-12$

$-5x=-12-8$

$-5x=-20$

$x=4$

(2) $0.2x+1=0.7x-2$

$2x+10=7x-20$

$2x-7x=-20-10$

$-5x=-30$

$x=6$

(3) $\frac{x}{4}-\frac{3}{2}=-1$

$x-6=-4$

$x=-4+6$

$x=2$

(4) $\frac{x}{2}-\frac{5}{6}=2x-\frac{1}{3}$

$3x-5=12x-2$

$3x-12x=-2+5$

$-9x=3$

$x=-\frac{1}{3}$

確認テスト ③ (本文 53 ページ)

3 (1) $4:7=x:21$

$7x=4\times21$

$7x=84$

$x=12$

(2) $3:(8-x)=9:12$

$9(8-x)=3\times12$

$72-9x=36$

$-9x=36-72$

$-9x=-36$

$x=4$

4 子どもの人数を x 人とすると，

$4x+3=5x-7$

$4x-5x=-7-3$　$-x=-10$　$x=10$

鉛筆の本数は，$4x+3$ に $x=10$ を代入して，

$4\times10+3=43$(本)

これは問題に適している。

(答) 子どもの人数 10 人，鉛筆の本数 43 本

5 1 時間 40 分＝100 分＝$\frac{100}{60}$時間＝$\frac{5}{3}$時間

A 地点から B 地点までの道のりを x km とすると，

$\frac{x}{6}+\frac{x}{4}=\frac{5}{3}$

$\frac{x}{6}\times12+\frac{x}{4}\times12=\frac{5}{3}\times12$　$2x+3x=20$

$5x=20$　$x=4$

これは問題に適している。 (答) 4 km

23 関数と変域　(本文 55 ページ)

1 (1)

x	0	1	2	3	4	5
y	0	3	6	9	12	15

(2)　(水の深さ)＝(1分間に入る水の深さ)×(時間) だから,
$y=3x$

(3)　x の値を決めると，それにともなって y の値もただ1つに決まるから，関数といえる。

(4)　45 cm の深さで水を止めるから，$y=45$ を(2)の式に代入して,
$45=3x$　$x=15$　　(答) 15 分後

(5)　水の深さ(＝y)は 45 cm が最大。また，(4)で求めたように 45 cm になるのにかかる時間(＝x)は 15 分だから，それぞれ
x は，0 以上 15 以下
y は，0 以上 45 以下
これを不等号を使って表せばよい。
よって，$0 \leqq x \leqq 15$，$0 \leqq y \leqq 45$

24 比　例　(本文 57 ページ)

1 (1)　$y=500-80x$　×

(2)　$y=5x$　○

ここに注意！
y を x の式で表す → $y=$～ の形にする
$y=ax$ の式で表せるものが比例の式です。

2 (1)　$y=ax$ とおく。
$x=-2$，$y=-10$ を代入する。
$-10=a\times(-2)$
$-10=-2a$
$a=5$
よって，$y=5x$

(2)　$y=ax$ とおく。
$x=6$，$y=3$ を代入する。
$3=a\times6$
$3=6a$
$a=\dfrac{1}{2}$
よって，$y=\dfrac{1}{2}x$
この式に $x=-4$ を代入すると,
$y=\dfrac{1}{2}\times(-4)=-2$

25 座　標　(本文 59 ページ)

1 A (1, 2)
B (−5, 1)
C (−1, −3)
D (5, −2)
E (−3, 0)
F (0, −5)

ここに注意！
x 軸《じく》，y 軸上にある点の座標《ざひょう》に気をつけること。

2

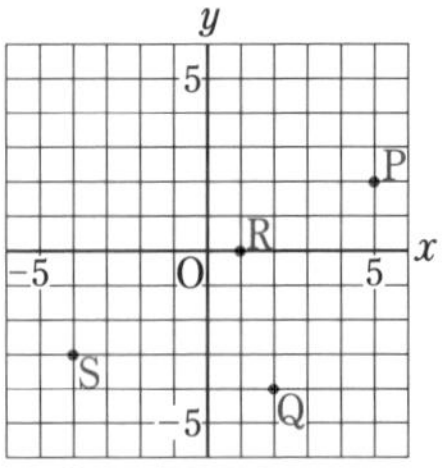

ここに注意！
P(5, 2) を座標に表すときは，右の図のようになります。

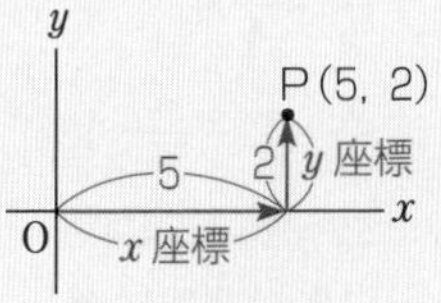

26 比例のグラフ　(本文 61 ページ)

1 (1)　$y=2x$ のグラフは，$x=1$ のとき $y=2$ だから，点(1, 2) と原点を通る直線である。

(2)　$y=\dfrac{1}{3}x$ のグラフは，$x=3$ のとき $y=1$ だから，点 (3, 1) と原点を通る直線である。

(3)　$y=-4x$ のグラフは，$x=1$ のとき $y=-4$ だから，点 (1, −4) と原点を通る直線である。

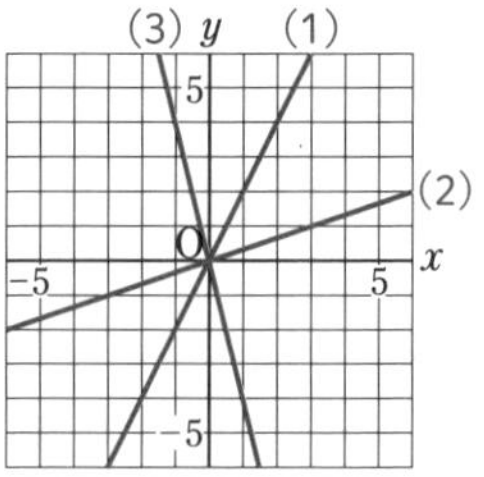

2 $y=ax$ にグラフが通る座標を代入して，比例定数を求める。

(1)　点 (1, 1) を通るから，$y=x$

(2)　点 (3, −2) を通るから，$y=-\dfrac{2}{3}x$

(3)　点 (5, 2) を通るから，$y=\dfrac{2}{5}x$

27 反比例 （本文 63 ページ）

1 (1)　(時間)$=20\div$(毎分入れる水の量) だから，

$y=20\div x$　$y=\dfrac{20}{x}$

比例定数は 20

(2)　(横の長さ)$=$(面積)$\div$(縦の長さ) だから，

$y=30\div x$　$y=\dfrac{30}{x}$

比例定数は 30

2 (1)　$y=\dfrac{a}{x}$ の式に $x=-2$，$y=3$ を代入して，

$3=\dfrac{a}{-2}$

$a=3\times(-2)=-6$ だから，$y=-\dfrac{6}{x}$

(2)　$y=\dfrac{a}{x}$ の式に $x=-4$，$y=-6$ を代入して，

$-6=\dfrac{a}{-4}$

$a=(-6)\times(-4)=24$ だから，$y=\dfrac{24}{x}$

この式に $x=2$ を代入すると，$y=\dfrac{24}{2}=12$

28 反比例のグラフ （本文 65 ページ）

1 (1)

x	-6	-4	-3	-2	2	3	4	6
y	-2	-3	-4	-6	6	4	3	2

(2)

x	-4	-2	-1	1	2	4
y	1	2	4	-4	-2	-1

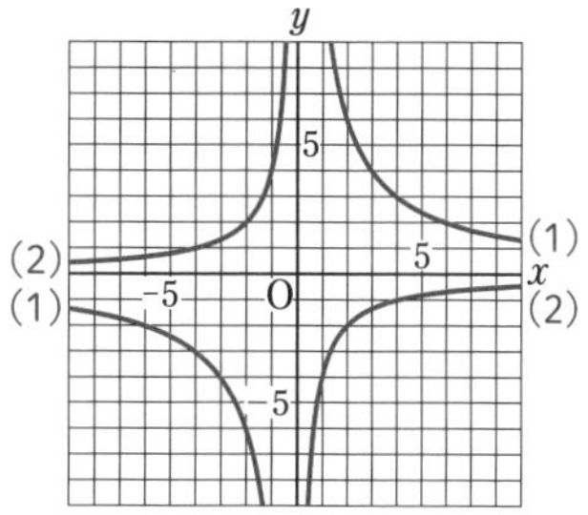

ここに注意！

グラフ上の点をとるときは，x，y ともに整数になる点をとるとよい。

2 (1)　点 $(3,\ 2)$ を通るから，$y=\dfrac{a}{x}$ の式に $x=3$，$y=2$ を代入して，$2=\dfrac{a}{3}$　$a=2\times3=6$

よって，$y=\dfrac{6}{x}$

(2)　点 $(-4,\ 4)$ を通るから，$y=\dfrac{a}{x}$ の式に $x=-4$，$y=4$ を代入して，$4=\dfrac{a}{-4}$　$a=4\times(-4)=-16$

よって，$y=-\dfrac{16}{x}$

29 比例・反比例の利用 （本文 67 ページ）

1 (1)　コピー用紙の重さ(y g)は枚数(x 枚)に比例するから，$y=ax$ とおける。

20 枚の重さが 90 g だから，$x=20$，$y=90$ を代入して，

$90=20a$　$a=\dfrac{9}{2}$

よって，$y=\dfrac{9}{2}x$

(2)　$y=\dfrac{9}{2}x$ に $x=400$ を代入する。

$y=\dfrac{9}{2}\times400=1800$

よって，1800 g

2 1 分間に入れる水の量(x L)と満水になるまでの時間(y 分)は反比例するから，$y=\dfrac{a}{x}$ とおける。

$x=3$，$y=100$ を代入して，

$100=\dfrac{a}{3}$　$a=100\times3=300$

よって，$y=\dfrac{300}{x}$ より，$xy=300$

$y=25$ を代入して，

$25x=300$　$x=12$

よって，1 分間に 12 L ずつ水を入れる。

確認テスト ④ （本文 68 ページ）

1 (1)　1 日は 24 時間だから，式は，$y=24-x$　△

(2)　(時間)$=$(道のり)$\div$(速さ) だから，$y=\dfrac{2000}{x}$　×

(3)　(三角形の面積)$=\dfrac{1}{2}\times$(底辺)$\times$(高さ) だから，

$y=5x$　○

2 (1)　$y=ax$ に $x=3$，$y=-12$ を代入する。

$-12=3a$ より，$a=-4$　したがって，$y=-4x$

$y=-4x$ に $x=-5$ を代入して，$y=-4\times(-5)=20$

(2)　$y=\dfrac{a}{x}$ に $x=-6$，$y=-6$ を代入する。

$-6=\dfrac{a}{-6}$ より，$a=36$　したがって，$y=\dfrac{36}{x}$

$y=\dfrac{36}{x}$ に $x=9$ を代入して，$y=4$

3 A$(3,\ -4)$，B$(0,\ 3)$

点 P は，右の図

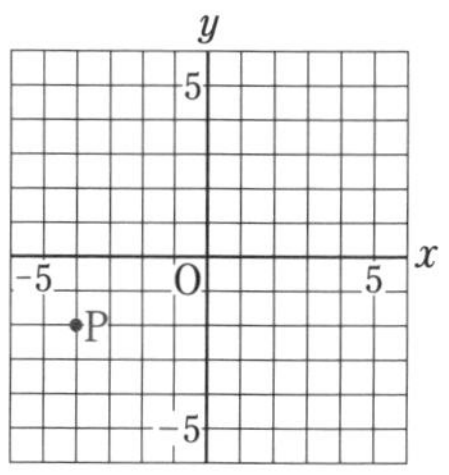

確認テスト ④

(本文 69 ページ)

4 (1) $y=-5x$ は比例の式だから，原点とあと 1 点 $(1,\ -5)$ を結ぶ。

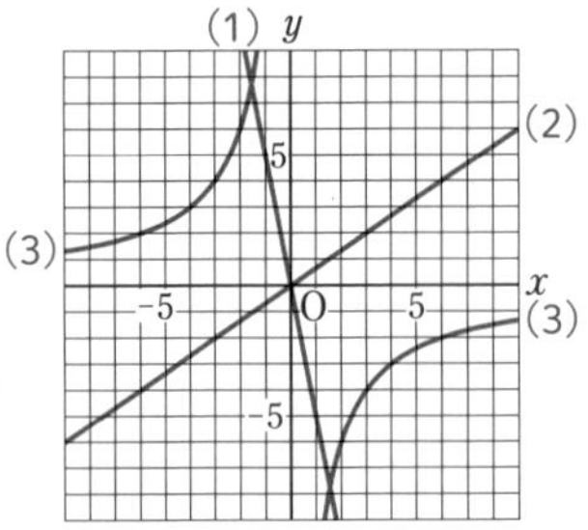

(2) $y=\dfrac{2}{3}x$ は比例の式だから，原点とあと 1 点 $(3,\ 2)$ を結ぶ。

(3) $y=-\dfrac{12}{x}$ は反比例の式だから，たとえば $(2,\ -6)$，$(3,\ -4)$ などはっきりわかる点をいくつかとり，なめらかな曲線で結ぶ。

5 ① 点 $(2,\ -1)$ を通るので，$y=ax$ に $x=2$，$y=-1$ を代入して，$-1=2a$　$a=-\dfrac{1}{2}$

よって，$y=-\dfrac{1}{2}x$

② 点 $(2,\ -4)$ を通るので，$y=\dfrac{a}{x}$ に $x=2$，$y=-4$ を代入して，$-4=\dfrac{a}{2}$　$a=(-4)\times 2=-8$

よって，$y=-\dfrac{8}{x}$

30 直線と角

(本文 71 ページ)

1 (1) (順に) 直線，線分

(2) (順に) ∠，∠ABC，角 ABC

ここに注意！

直線の一部分で両端のあるものは線分だから，三角形の辺や円の直径などは線分です。

2 (1) AD∥BC

(2) DC⊥BC

(3) 垂線

31 図形の移動 ①

(本文 73 ページ)

1

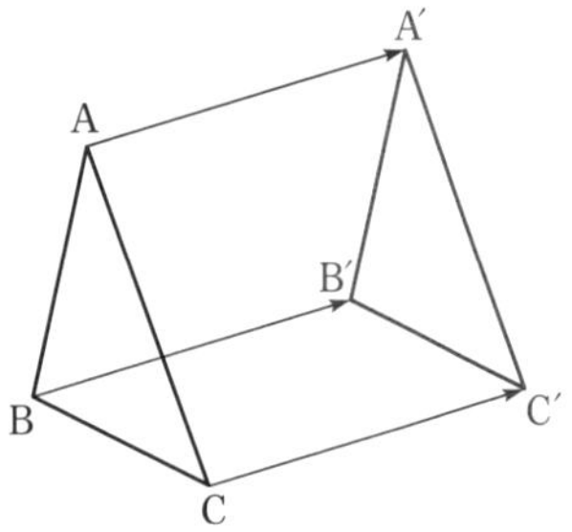

AA′∥BB′∥CC′，AA′=BB′=CC′ となるようにかく。

ここに注意！

「AA′」と書いて，線分そのものを表すこともあり，線分の長さを表すこともあります。

2

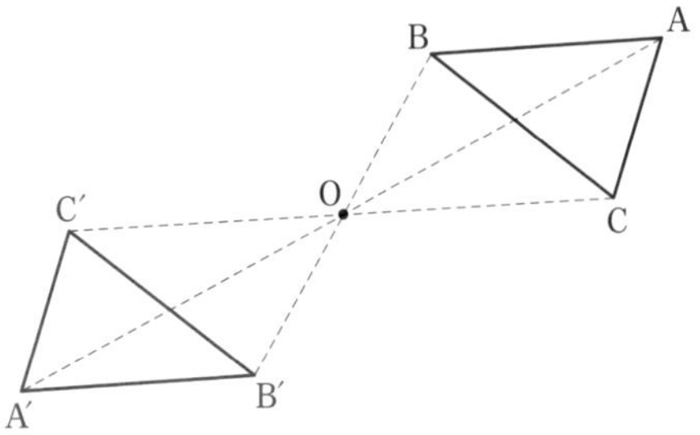

点 O と 3 点 A, B, C をそれぞれ結んで O のほうへのばし，OA=OA′，OB=OB′，OC=OC′ となるようにかく。

32 図形の移動 ②

(本文 75 ページ)

1 (1) ㋐

(例) 右の図

(2) ㋑と㋒

右の図

(3) 右の図

対応する点を結ぶ線分をかくと，その交点が O になる。

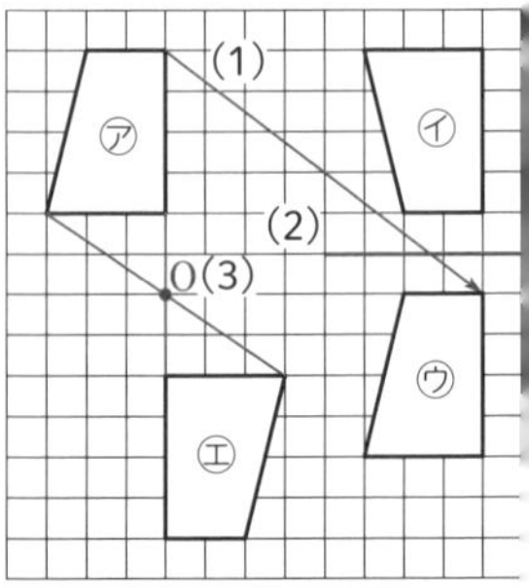

ここに注意！

平行移動，対称《たいしょう》移動，回転移動のそれぞれの特徴《とくちょう》を理解しておきましょう。

33 作　図 ①　(本文 77 ページ)

1

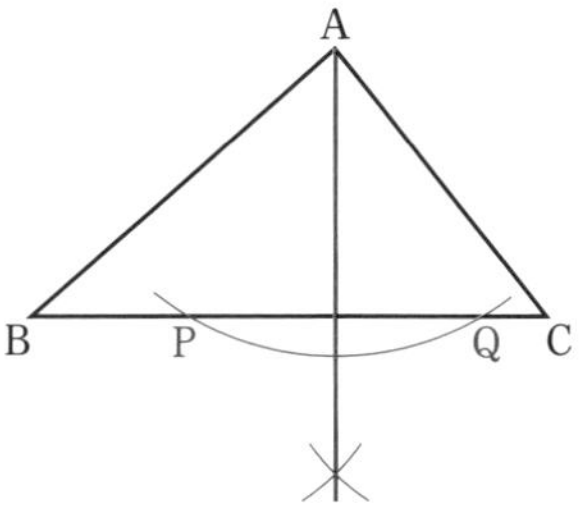

A から辺 BC に交わるように円をかき，辺 BC との交点をそれぞれ P，Q とする。P，Q から等しい半径の円をかき，交わった点と A を結ぶ。

2

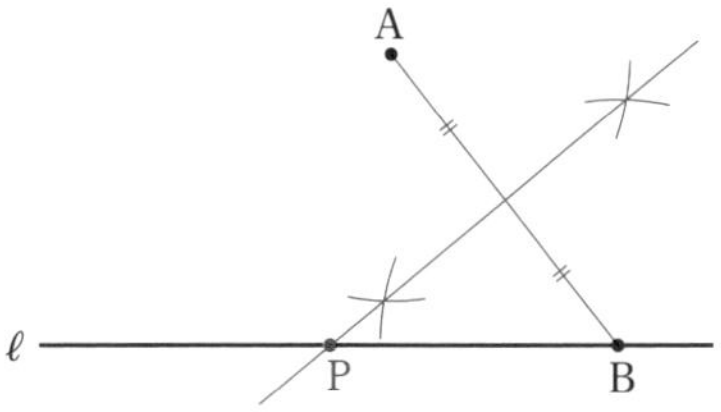

線分 AB の垂直二等分線をひき，直線 ℓ と交わった点が P である。

34 作　図 ②　(本文 79 ページ)

1 (1)

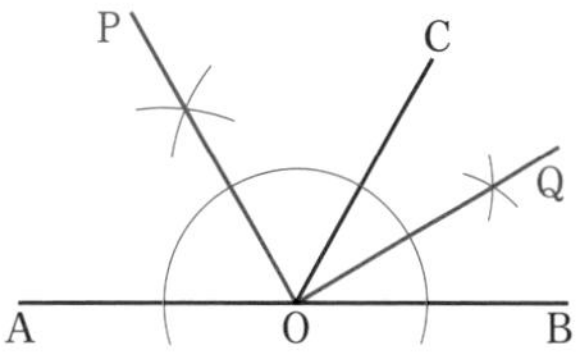

(2) $\angle AOC + \angle COB = 180^\circ$ だから，

$$\angle POQ = \angle POC + \angle COQ$$
$$= \frac{1}{2}\angle AOC + \frac{1}{2}\angle COB$$
$$= \frac{1}{2}(\angle AOC + \angle COB)$$
$$= \frac{1}{2} \times 180^\circ = 90^\circ$$

2

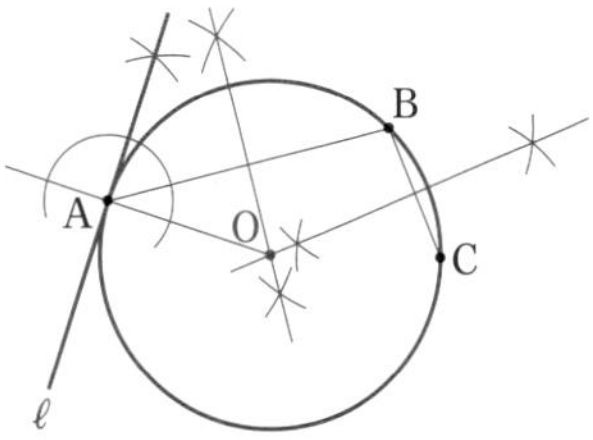

点 A と B，点 B と C を結ぶ。線分 AB の垂直二等分線と線分 BC の垂直二等分線をひくと，その交点が円の中心 O である。
また，接線 ℓ は $\ell \perp OA$ となるように作図する。

35 円とおうぎ形　(本文 81 ページ)

1 (1) おうぎ形 OGH

(2) (順に) 4，$4\overset{\frown}{AB}$

(3) 線対称《せんたいしょう》

2 (1) 弧の長さは，$2 \times \pi \times 6 \times \dfrac{60}{360} = 2\pi$(cm)

面積は，$\pi \times 6^2 \times \dfrac{60}{360} = 6\pi$(cm^2)

(2) 弧の長さは，$\pi \times 8 \times \dfrac{225}{360} = 5\pi$(cm)

半径は 4 cm だから，

面積は，$\pi \times 4^2 \times \dfrac{225}{360} = 10\pi$(cm^2)

ここに注意！

おうぎ形の弧の長さや面積は，中心角に比例します。

確認テスト ⑤　(本文 82 ページ)

1 (1) $\ell \perp n$

(2) $\ell /\!/ m$

2 (1) △ODE

(2)

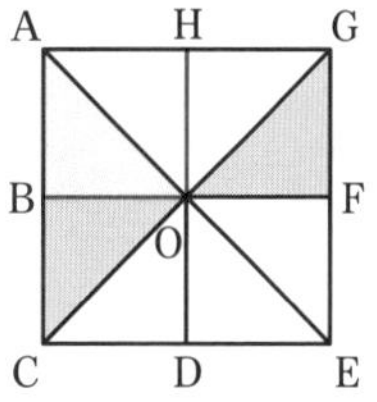

△CBO との対称の軸　BO

△GFO との対称の軸　HO

(3) 90°

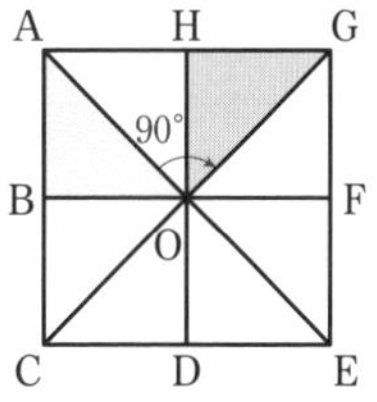

3

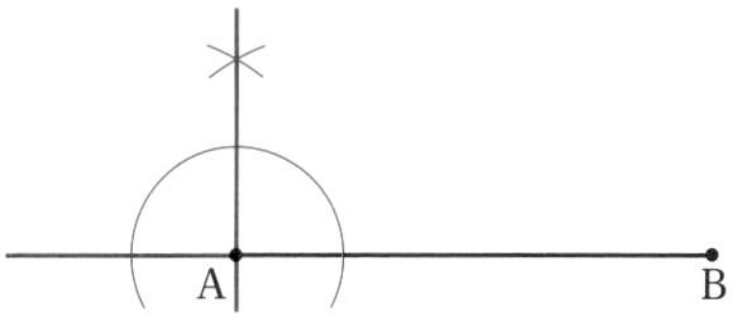

確認テスト ⑤ （本文 83 ページ）

4

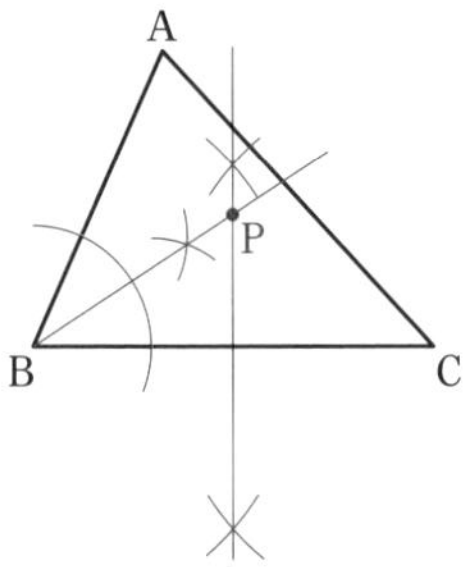

5 (1) 弧の長さは，$2\times\pi\times6\times\dfrac{120}{360}=4\pi(\mathrm{cm})$

面積は，$\pi\times6^2\times\dfrac{120}{360}=12\pi(\mathrm{cm}^2)$

(2) 弧の長さは，$2\times\pi\times8\times\dfrac{270}{360}=12\pi(\mathrm{cm})$

面積は，$\pi\times8^2\times\dfrac{270}{360}=48\pi(\mathrm{cm}^2)$

これでレベルアップ

右の図のように補助線をひいて，㋐と㋒の図形を移すと，直角二等辺三角形ができる。
よって，㋐と㋑と㋒の面積の和は，
$8\times8\div4=16(\mathrm{cm}^2)$

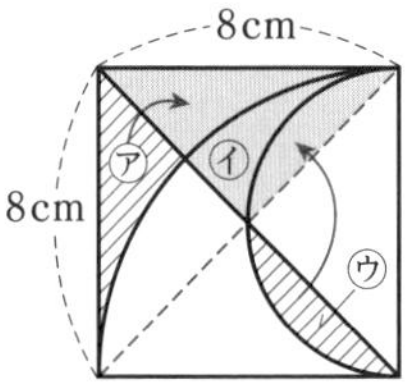

36 いろいろな立体 （本文 85 ページ）

1 (1) 六角柱
(2) 円錐
(3) 五角錐
(4) 円柱

ここに注意！
底面はどこなのか注意しましょう。

2 (1) この正多面体の見取図は右の図のようになるから，正八面体

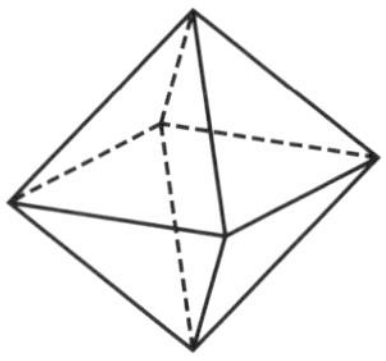

(2) 4つ
(3) 6つ
(4) 正三角形の辺は3本で，1本の辺を2つの正三角形で共有するから，$3\times8\div2=12$(本)

ここに注意！
正多面体は5種類しかないので，それぞれの特徴をしっかり覚えておきましょう。

37 直線や平面の位置関係 ① （本文 87 ページ）

1 (1) 辺DH，辺CG，辺BF
(2) 辺EF，辺FG，辺GH，辺HE
(3) 辺BCと平行でもなく交わらない辺を見つける。
辺BCと平行な辺は，辺AD，辺EH，辺FG
辺BCと交わる辺は，辺AB，辺DC，辺BF，辺CG
上の辺以外が，ねじれの位置にある。
よって，辺DH，辺AE，辺HG，辺EF
(4) 面EFGH，面AEHD

ここに注意！
ねじれの位置にある2直線は，同じ平面上にありません。辺DH，辺AE，辺HG，辺EFは，辺BCをふくむ平面(面ABCD，面BFGC)上にないことを，図で確認しておきましょう。

2 (1) 長方形ADFCのとなり合う辺だから，垂直
(2) 平行

38 直線や平面の位置関係 ② （本文 89 ページ）

1 (1) 面ABC，面DEF
(2) 面ABC，面DEF，面CBEF
(3) 面ABCと面DEF
(4) 底面ABCは直角二等辺三角形だから，
$\angle ACB=90^\circ$ より，$\angle CAB=\angle CBA=45^\circ$
これが面ADEBと面ADFCがつくる角と等しくなる。
よって，45°
(5) 角柱や円柱では，2つの底面は平行で，1つの底面上の点と他の底面との距離が高さになる。
よって，4 cm

ここに注意！
1本の直線に垂直な2つの平面は平行になります。

39 立体の展開図・投影図 (本文 91 ページ)

1 (1) 円錐　(2) 三角柱　(3) 四角錐

2 (1) 側面のおうぎ形の半径は，6 cm

弧の長さは，底面の円周の長さと等しいから，

$2\times\pi\times2=4\pi$(cm)

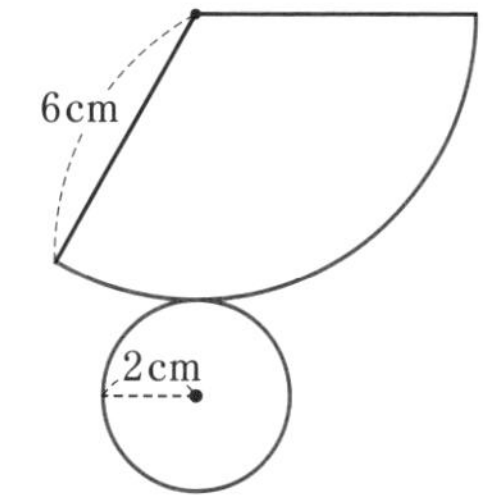

(2) (おうぎ形の中心角)

$=360^\circ\times\dfrac{(\text{おうぎ形の弧の長さ})}{(\text{円周の長さ})}$

$=360^\circ\times\dfrac{2\times\pi\times2}{2\times\pi\times6}$

$=360^\circ\times\dfrac{1}{3}$

$=120^\circ$

40 角柱・円柱の表面積 (本文 93 ページ)

1 (1) 底面は，上底 5 cm，下底 13 cm，高さ 6 cm の台形だから，

底面積は，$\dfrac{1}{2}\times(5+13)\times6=54$(cm^2)

側面積は，(高さ)×(底面の周の長さ) だから，

$10\times(5+6+13+10)=340$(cm^2)

表面積は，(底面積)×2＋(側面積) だから，

$54\times2+340=448$(cm^2)

(2) 底面積は，$\pi\times5^2=25\pi$(cm^2)

側面積は，$10\times\pi\times10=100\pi$(cm^2)

表面積は，$25\pi\times2+100\pi=150\pi$(cm^2)

41 角錐・円錐の表面積 (本文 95 ページ)

1 底面積は，$8\times8=64$(cm^2)

側面積は，$\left(\dfrac{1}{2}\times8\times12\right)\times4=192$(cm^2)

表面積は，(底面積)＋(側面積) だから，

$64+192=256$(cm^2)

2 (1) (おうぎ形の中心角)

$=360^\circ\times\dfrac{(\text{おうぎ形の弧の長さ})}{(\text{円周の長さ})}$

$=360^\circ\times\dfrac{2\times\pi\times4}{2\times\pi\times12}$

$=120^\circ$

(2) $\pi\times12^2\times\dfrac{120}{360}=48\pi$(cm^2)

(3) 底面積は，$\pi\times4^2=16\pi$(cm^2) だから，

表面積は，$16\pi+48\pi=64\pi$(cm^2)

ここに注意！

この円錐の展開図は，右の図のようになります。

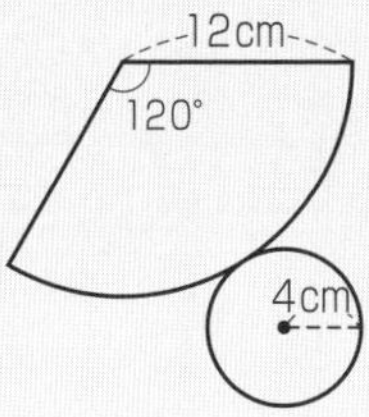

42 立体の体積 (本文 97 ページ)

1 (1) $4\times8\times4$

$=32\times4$

$=128$(cm^3)

(2) $\pi\times3^2\times5$

$=9\pi\times5$

$=45\pi$(cm^3)

(3) $\dfrac{1}{3}\times4\times4\times6$

$=\dfrac{1}{3}\times16\times6$

$=32$(cm^3)

(4) $\dfrac{1}{3}\times\pi\times6^2\times15$

$=\dfrac{1}{3}\times\pi\times36\times15$

$=180\pi$(cm^3)

ここに注意！

角錐や円錐の体積を求めるときは，$\dfrac{1}{3}$ を忘れずにかけること。

43 回転体，球の体積と表面積 (本文 99 ページ)

1 (1)

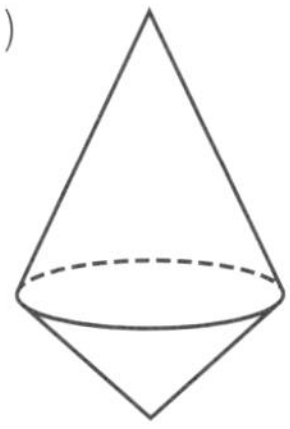

(2)

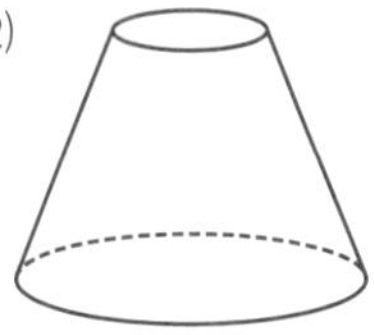

2 (1) 体積は，$\frac{4}{3}\times\pi\times5^3=\frac{500}{3}\pi(\mathrm{cm}^3)$

表面積は，$4\times\pi\times5^2=100\pi(\mathrm{cm}^2)$

(2) 体積は，$\frac{4}{3}\times\pi\times3^3\times\frac{1}{2}=18\pi(\mathrm{cm}^3)$

また，曲面の部分の面積は，$4\times\pi\times3^2\times\frac{1}{2}=18\pi(\mathrm{cm}^2)$

切り口の円の面積は，$\pi\times3^2=9\pi(\mathrm{cm}^2)$

よって，表面積は，$18\pi+9\pi=27\pi(\mathrm{cm}^2)$

確認テスト ⑥ (本文 100 ページ)

1 (1) 辺 AD，辺 EH，辺 FG

(2) 面 ABFE

(3) 面 ADHE

(4) 辺 BF，辺 CG，辺 EF，辺 HG

2 (1) 正四角錐《すい》

(2) 底面積は，$12\times12=144(\mathrm{cm}^2)$

側面積は，底辺 12 cm，高さ 10 cm の二等辺三角形が 4 つあるので，

$\left(\frac{1}{2}\times12\times10\right)\times4=240(\mathrm{cm}^2)$

よって，表面積は，$144+240=384(\mathrm{cm}^2)$

確認テスト ⑥ (本文 101 ページ)

3 (1) $\pi\times5^2\times3=75\pi(\mathrm{cm}^3)$

(2) $\frac{4}{3}\times\pi\times9^3=972\pi(\mathrm{cm}^3)$

4 (1)

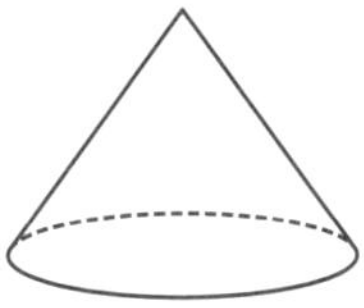

(2) 底面積は，$\pi\times3^2=9\pi(\mathrm{cm}^2)$

側面積は，$\pi\times5^2\times\frac{2\times\pi\times3}{2\times\pi\times5}=15\pi(\mathrm{cm}^2)$

よって，表面積は，$9\pi+15\pi=24\pi(\mathrm{cm}^2)$

(3) $\frac{1}{3}\times\pi\times3^2\times4=12\pi(\mathrm{cm}^3)$

44 度数分布 (本文 103 ページ)

1 (1) a 2

b 170

(2) 5 cm

(3) 160 cm 以上 165 cm 未満

(4)

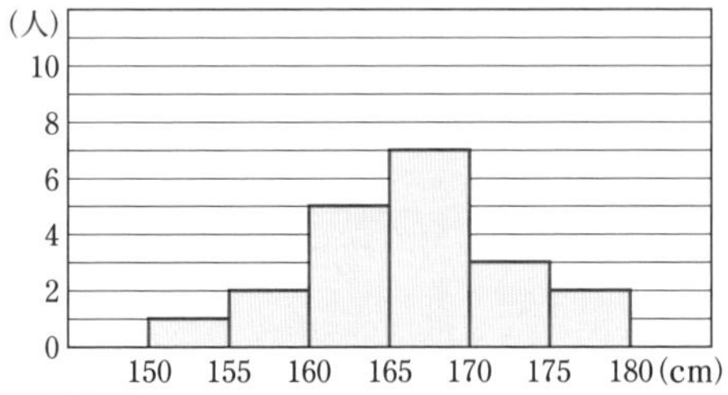

ここに注意！

ヒストグラムの長方形の面積は，階級の度数に比例しています。

45 相対度数と平均値 （本文 105 ページ）

1 (1) 「40 kg 以上 45 kg 未満」の相対度数は，
$5\div50=0.10$ のように求める。
（上から順に）0.10，0.16，0.32，0.28，0.12，0.02

(2) 1.00

(3) 55 kg 以上の人は $14+6+1=21$(人) いるので，
$21\div50=0.42$ より，42 %

ここに注意！
(1)(相対度数)$=\dfrac{\text{(ある階級の度数)}}{\text{(度数の合計)}}$ で求めることができます。

2 (1) いちばん高い得点 93 点からいちばん低い得点 34 点をひけばよいから，
$93-34=59$(点)

(2) $\dfrac{34+56+67+81+93+75+68+48+90+88}{10}$
$=700\div10=70$(点)

ここに注意！
(2)(平均値)$=\dfrac{\text{(データの値の合計)}}{\text{(データの総数)}}$ で求めることができます。

46 代表値 （本文 107 ページ）

1 (1) 垂直とびの記録を小さい順に並べると，
37，41.5，43.5，46，48，51，53，55，56，57，58.5
となる。
最も大きい値の 58.5 cm から最も小さい値の 37 cm をひく。
$58.5-37=21.5$(cm)

(2) データの総数が 11 で奇数個だから，
小さいほうから 6 番目の 51 cm

2 (1) 中央値は，データの総数が 40 で偶数個だから，小さいほうから 20 番目と 21 番目の平均値である。
小さいほうから 20 番目と 21 番目の人が属している階級は，50 kg 以上 55 kg 未満。
よって，50 kg 以上 55 kg 未満

(2) 最頻値《さいひんち》は，データの中で度数が最も多い階級の階級値である。
最も度数の多い階級は 50 kg 以上 55 kg 未満だから，
最頻値は 52.5 kg

47 ことがらの起こりやすさ （本文 109 ページ）

1 (1) 2000 回投げたとき，裏向きに $2000-751=1249$(回) なったから，裏向きになりやすい。

(2) 投げた回数がいちばん多いときの相対度数を答えとみなす。よって，2000 回投げたときの表向きになった相対度数は $751\div2000=0.375\cdots$ より，0.38

(3) $4000\times0.38=1520$(回)

(4) **ア** 2000 回投げたときの裏向きになった相対度数は $(2000-751)\div2000=0.624\cdots$ より，裏向きになる確率はおよそ 0.62 と考えられるから，正しい。

イ ボタンを投げたとき，次の結果が前の結果に左右されることはないから，正しくない。

ウ 投げた回数によって，表向きになった相対度数は変わることがあるが，表向きになる確率は変わらないから，正しい。

よって，**ア**，**ウ**

確認テスト ⑦ （本文 110 ページ）

1 (1) a $40-(6+9+19+3+1)=2$
b $6\div40=0.150$
c 1.000

(2) $60-30=30$(分)

(3) 120 分以上は 120 分をふくむから，ちょうど 120 分の人は 120 分以上 150 分未満の階級に入る。

(4) 度数の総数が 40 人だから，中央値の属する階級は小さいほうから 20 番目と 21 番目の人が属する階級になる。
よって，90 分以上 120 分未満。

(5) 最も度数の多い階級は 90 分以上 120 分未満の階級だから，その階級値を求める。
$(90+120)\div2=105$(分)

確認テスト ⑦ (本文 111 ページ)

(6)

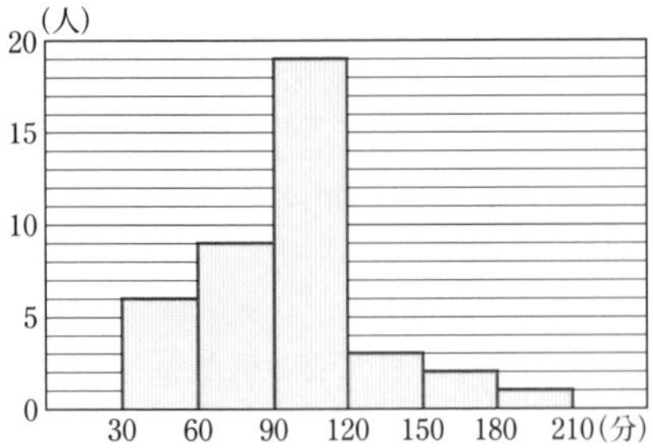

(7) 各階級の階級値に度数をかけたものをすべてたして，度数の合計である 40 でわる。

$$\frac{45\times6+75\times9+105\times19+135\times3+165\times2+195\times1}{40}$$

$=3870\div40$

$=96.75$(分)